디자인 협력을 위한

BIM

설계자 · 시공자 · 엔지니어 등을 위한 VDC 가이드

디자인 협력을 위한 BIM
설계자 · 시공자 · 엔지니어 등을 위한 VDC 가이드

2022년 9월 20일 1판 1쇄 인쇄

저 자 FERNANDA L. LEITE
번 역 심세보
발 행 인 강해작
발 행 처 기문당
주 소 서울시 성동구 무학봉28길 4-1
전 화 02)2295-6171(代)~5
팩 스 02)2296-8188
출판등록 1976. 10. 7(1-44)
홈페이지 http://www.kimoondang.com
I S B N 978-89-6225-456-3 93540

역자 서문

BIM은 건축물의 설계품질을 획기적으로 높일 수 있고 시공관리 및 각종 협업에 뛰어난 부분이 많아 앞으로의 미래 건축산업 분야에서 전반적으로 적용될 가능성이 많은 도구이다. 손으로 작업하던 일을 CAD로 일부 자동화시킨 후 더 많은 가능성을 확보하기 위해 건축산업에 적용되는 대부분의 정보를 한곳으로 모아 통합하고 이를 자동화하여 오류를 줄이고 생산성을 극대화하기 위한 것이다.

하지만 이러한 다양한 요소를 통합하다 보니 따라오는 다양한 문제들도 존재한다. 디자인 툴로서는 다소 무거워 자유로운 형태에 접근하기 어렵고 여러 엔지니어링적인 세부적인 변경에 한계가 있다. 시공 과정에서는 복잡한 요소를 통합하기 때문에 매우 세부적인 조율이 필요하며 문제가 발생했을 때 빠른 대처가 쉽지 않을 수 있다.

건축산업에 종사하고 있는 많은 실무자들은 BIM을 사용할 때 이러한 한계점에 대한 아쉬움을 접하곤 하는데, 이는 BIM Tool의 기술적인 발전과 더불어 사용자들의 현명한 관리로 다양한 상황에 맞게 극복해야 할 부분이다. BIM for design coordination은 바로 이 지점에서 필요한 이야기들로 구성되어 있으며, 실제 적용되는 사례와 이를 관리하는 방법들에 대한 이야기이다.

역자는 설계분야에서 BIM을 20여 년간 다양한 프로젝트에 적용하였는데 그동안 BIM Tool은 상당히 많은 업그레이드를 하였지만 여전히 아쉬운 것이 사실이다. 매년 다양한 기술적 발전에도 불구하고 실무에서 적용할 때는 한계가 끊임없이 있어왔다. 이를 극복하는 방법은 실제 사용하는 여러 분야의 전문가들이 서로를 이해하며 간극을 좁히고 해결 가능성을 높여가는 것이다. 이 책에서는 이를 위한 다양한 프로젝트와 조율 과정, 사용성을 보완하는 방법 등을 소개하고 있다.

어느 분야에서든 가장 중요한 것은 참여하는 사람과 이들의 협업일 것이다. BIM은 당대의 최고 기술을 접목하기 위해 끊임없이 발전해 왔지만 이를 다루고 더 좋은 결과를 만들어내는 것은 기본적으로 많은 사람들이 참여할 수 밖에 없는 건축분야에서의 함께하는 작업들이다. 그리고, 이를 좋은 사례들을 통해 통찰력있는 디자인 협력작업으로 이끌어주는 내용을 소개할 수 있는 기회가 되어 기쁜 마음이다.

Contents

contents

Preface

나는 고향 브라질에서 학부생으로 있는 동안 건설 회사의 인턴으로 근무하며, 기초적인 도면 협력 작업을 수행했다. 여러 전문 엔지니어링 회사에서 제출한 도면을 비교하는 업무였는데, 각 도면은 독립적으로 작업되어 있었다. 내가 하는 일은 겉보기에는 간단해 보였지만, 2차원 도면을 바탕으로 다양한 작업 범위 간의 물리적 간섭을 확인해야 했다. 도면을 검토할 작은 테이블조차 없어서 큰 회의테이블에 하드카피 도면을 나란히 펴쳐놓은 채 가능한 한 체계적으로 비교를 하기 위해 노력해야 했다. 도면들은 디자인 회사마다 제각가이었으며 축척조차 달리 인쇄되어 디자인 의도를 파악하기 쉽지 않았기에 단순해 보였던 이 작업은 내게 악몽이 되었다. 수많은 현장에서 일상적인 문제들이 감지되곤 했는데, 그나마 다행인 것은 각 층이 모두 동일한 구조의 고층 주거용 타워였다는 것이다. 따라서 한 개 층에서 문제가 발견되면 나머지 24개 층 모두 찾을 수 있었다. 문제가 발생한 층은 마치 값비싼 시제품 같은 느낌이었다.

브라질 건축시장은 미국과 확연히 다르다는 점에 주목할 필요가 있다. 브라질은 일반적으로 건설 주체가 건축주이자 개발자로 단순화되어 있다. 설계분야 또한 이와 비슷하게 단순화되어 있는 측면이 있다. 이러한 점과 초기 인턴십 경험이 내가 설계조정에 관심을 갖게 된 계기가 되었다.

나는 몇 년 후에 카네기 멜론 대학교에서 박사 학위를 따면서 BIM(정보 모델링)을 구축하는 일을 시작했고, 캠퍼스 프로젝트에 BIM이 처음으로 구현되는 것을 경험할 기회를 가지게 되었다. 아직 BIM 초기인 2000년대 중반의 일이었다. BIM을 처음 접하는 시공사(GC)로부터 BIM을 프로젝트에서 활용할 수 있는 방법을 알아내는 업무였는데, 설계 조정의 기회가 있었던 점이 좋았다. 그 아이디어는 피츠버그에서의 겨울 이른 아침에 설계협력 회의에 참석했을 때 떠올랐다. 회의에는 난방, 배관, 화재 안전, 전기 및 판금 협력업체 뿐만 아니라 GC의 프로젝트 매니저, 건축주 대리인, 다른 주에서 온 설계 팀 구성원 몇 명이 참석했다. 디자인 조정을 위한 킥오프 미팅이었고 공사가 막 시작된 때였다. 프로젝트 매니저와 나는 이 프로젝트를 위한 BIM 모델을 가지고 있었는데 이 모델은 85%의 2D 건축 완성도면, 구조, 기계, 전기, 배관 및 화재 방지(MEPF) 도면을 기반으로 타사에서 개발하였다. MEPF는 1.5"보다 큰 요소들이 모두 포함되었다. 건물의 지하차고 건설이 진행 중일 때, GC는 100% 완전한 도면을 바탕으로 새로운 BIM을 받았다. 이것이 킥오프 설계조정회의에서 제공된 버전이었다.

우리는 협력업체에게 설계 조정을 위한 출발점으로 BIM 모델을 활용할 것을 제안했다. 하지만 참석한 협력업체들은 BIM 또는 3D 사용이 계약에 포함되지 않았으며, 대부분 3D로 제작 도면을 개발할만한 능력이 없다고 주장하며 강하게 반발했다(3D로 이미 설계한 도면조차 계약상 작성한 2D도면으로 변경함). 그들은 또한 "우리는 항상 이런 식으로 해왔고 프로젝트는 잘 진행되었다."며 주장했다. 계약서 상의 주장에 따라 제안이 받아들여지지 않는 것을 보고, 우리는 2D 도면을 겹쳐서 검토하는 기존의 방법대로 설계 조정을 진행하기로 결정했다. 동시에, 그것이 나의 연구를 위한 진솔한 기초 데이터를 수집할 수 있는 특별한 기회가 될 것이라는 것을 깨달았다. 이후 이 프로젝트를 위한 2D 설계 조정 회의에 수개월 동안 참석하며 매일 어떤 의견들이 조정되고 있는지, 어떤 부분에서 조정되고 있는지, 어떤 부분에서 간섭이 발생하는지, 그리고 조정 과정에서 서로 어떤 질문을 하고 있는지에 대한 데이터를 꼼꼼하게 수집했다.

미팅이 끝난 후 대학원 사무실에 가서 그날 미팅의 초점이 된 동일한 거래 및 영역에 대한 BIM 모델에 대한 간섭 조사를 실시했다. 그런 다음 결과를 비교했는데 정밀도와 리콜을 비교한 첫 번째 연구와 모델 품질이 2D 및 3D로 수행된 설계 조정에 미치는 영향을 알 수 있는 방법이 확인되었다. 그 결과는 이 책의 챕터 3에 자세히 나와 있다.

박사 과정을 마친 후 2010년 1월 텍사스 오스틴 대학(UT Austin)에 입학하여 첫 번째 BIM 과정을 엔지니어링 대학에서 개발했다. 그것은 2010년 가을에 처음 제공되었으며 초기에는 대학원생들에게만 제공되었다. 건설 엔지니어링 및 프로젝트 관리를 위한 BIM 과정을 통해 모델 기반 비용 산정, 스케줄링 및 4D 시뮬레이션, 디자인 조정 등 다양한 주제를 다루게 되었다. 이 과정은 내가 관찰한 내용과 업계 파트너와의 논의에 크게 영향을 받아 학생들이 가장 보람 있는 최신 학습 경험을 얻을 수 있도록 지속적으로 발전시켜 왔다. 이 과정은 챕터 9에 자세히 설명하였다. 이 수업의 상당 부분은 설계 조정에 관한 것이며, 수년간 해당 수업의 모듈뿐만 아니라 다른 모듈도 참조 자료와 함께 제공했다. 여기에서 설계 조정 노하우, 업계 모범 사례, 예제 및 프로세스 지침을 통합적으로 공식화할 필요가 있다고 생각했다.

지난 20년 동안 광범위한 디자인 조정 방법들을 관찰해 왔다. 이 책의 목적은 기업과 학생 모두가 다양한 전문가들로부터 배울 수 있는 기반을 마련하고 그들 자신의 것을 만들 수 있는 공통의 출발점을 제공하는 것이다.

Acknowledgement

이 책은 많은 사람들의 도움 없이는 마무리가 어려웠을 것이다.

UT Austin 대학에서 함께 일했던 많은 뛰어난 학생들에게 깊은 감사를 표하며 그들의 노력 덕분에 이 책이 완성되었다고 생각한다. 특히, 이 책의 집필에 직간접적으로 공헌한 Li Wang 박사, 최수영 박사, Yuanshen Ji 박사, Beatriz Guerra, Thomas Czerniawski, Bing Han 교수에게 감사의 말씀을 전한다. BIM 과정을 수강한 다른 많은 Leite Lab 회원들과 학생들도 강의실 또는 그룹 미팅에서 활발한 토론을 통해 이 책의 내용에 기여했다. 훌륭한 학생들과 함께 일하는 것은 교수직의 가장 큰 즐거움 중 하나이다. 또한 지난 10년간 UT Austin 대학에서 교육 사명을 수행하고 BIM 과정의 멘토로 활동하며, 초청 강의와 프로젝트 데이터 액세스를 제공해주신 여러 업계 조력자들에게 진심으로 감사를 표한다. 이들은 나의 BIM 과정과 연구 프로그램에 많은 기여를 해주었고, 결과적으로 이 책의 개발에 큰 영향을 끼쳤다. 그들 중 대부분은 도움을 요청했을 때 데이터나 이미지를 찾는 시간이 많이 걸림에도 불구하고 지원을 주저하지 않았다. 특히 학생들을 위해 시간을 헌신해 준 것을 감사히 생각한다. 이 책의 개발에 직간접적으로 공헌한 다음과 같은 개인과 기업 여러분께 감사의 말씀을 드린다: 오스틴 커머셜의 Elliott Goodman, Sindhu Gundimeda 및 Gurpreet Kaur, DPR 건설의 Li Wang, Jacob Skrobarczyk, Bryan Lopton 및 Christian Dowell, Linbeck Construction의 Thomas Hook, Matthew Reyes 및 Dewayne Han, Rogers-O'Brien Construction의 Christine Sheng 및 기타 업체, Autodesk의 John Herridge 및 Dace Campbell. Ford, Bacon & Davis와 함께 John Fish를 비롯한 호주 BIM 그룹과 건설 산업 연구소를 통해 만난 많은 회사들에게.

미국 국립과학재단(Civil Infrastructure Systems Grant 1562438), 건설산업연구소, 텍사스 교통국, 연방 고속도로 관리국 및 국가 협력 고속도로 연구 프로그램의 재정적 지원에 감사드린다. 그들의 지지는 여러 부분에서 도움이 되었다. 본 자료에 표현된 모든 의견, 결과, 결론 또는 권고 사항은 저자의 의견이며 여기에 나열된 자금 지원 기관의 견해를 반드시 반영하는 것은 아님을 알린다.

Wiley, 특히 Margaret Cummins, Purvi Patel, Kaili Schultea의 전문적인 팀 등에 감사를 표한다.

CEPM 동료들과 전체 CAE 커뮤니티, UT Austin 대학 외부의 다른 학과 동료들과 친구들에게도 감사드린다. 이들에게 다양한 많은 것을 배웠다.

나의 카네기 멜론 박사학위 지도교수인 Burcu Akinci 교수에게 감사를 표하고 싶다. 그는 진정한 학자로서 훌륭한 본보기였고 앞으로도 그럴 것이다. Carnegie Mellon과 Pittsburgh의 동료들과 친구들, 특히 사랑하는 Mario Berges, Laura Mejia, Fabiola Feitosa에게 감사드린다.

사랑하는 가족, 특히 아버지와 어머니인 Eneas Leite와 Janilce Leite에게 나의 사랑과 감사를 표하고 싶다. 비록 몸은 떨어져 있지만 내가 인생에 있어 결정을 내릴때마다 항상 나를 지지해 주셨다.

마지막으로, 항상 나에게 더 나은 사람이 되라고 응원해주고, 무리다 싶을 정도로 많은 전문적이고 개인적인 프로젝트를 해내는 동안에도 계속 지지해 준 남편 Daniel Oliveira에게 감사드린다. 그리고 인생에 있어 때때로 속도를 늦추고 멈춰서 장미꽃의 향기를 맡을 필요도 있다고 일러준 나의 딸 줄리아, 고마워.

작가에 대해서

Fernanda Leite, P.E. 박사는 건설 엔지니어링 및 프로젝트 관리 분야의 부교수이자 UT Austin 대학의 토목, 건축 및 환경 공학(CAEE) 학과의 선임 교수이다. 그녀는 엔지니어링 분야의 Mrs. Pearlie Dashiell Henderson 100년 펠로우쉽을 가지고 있다. 그녀는 Carnegie Mellon 대학에서 토목과 환경공학 분야의 박사학위를 받았다. 대학원 교육을 받기 전, 고국인 브라질에서 여러 정부 인프라와 상업 건물 건설 프로젝트에서 프로젝트 매니저로 일했다. 2010년 1월 UT Austin 대학에 입학한 이후, 약 8백만 달러의 외부 자금 연구의 공동 책임자이자 수석 조사관으로 재직해 왔다. 그녀는 100편이 넘는 저널 기고, 저서, 컨퍼런스 출판물, 보고서 등을 공동 집필했다. 그녀의 기술적 관심사에는 프로젝트 관리를 위한 정보 기술, 빌딩 정보 모델링, 협업 및 조정 기술, 그리고 정보 기술 지원 건설 안전 관리 등이 포함된다. 현재 그녀는 UT Austin 대학에서 빌딩 정보 모델링, 프로젝트 관리 및 경제, 건설 안전 등의 과정을 가르치고 있다. 그녀는 CAEE의 지속 가능한 시스템 교차 부문 대학원 프로그램의 대학원 프로그램 코디네이터와 Planet Texas 2050이라는 대학 전체의 장벽을 연결하기 위한 집행 위원회의 일원으로 활동하고 있다. 지금까지, 그녀는 15명의 박사과정 학생들과 40명의 석사과정 학생들을 가르쳐왔다. 그녀는 Automation in Construction 저널의 부편집장으로도 일하고 있다. Leite 박사는 미국토목공학회(ASCE) Daniel W. Halpin 건설장학상(2019), 건설산업연구소(CII) 우수연구원상(2018), Thomas Fitch Rowland 기술상(2018), Fiatech's Superior Technology Achievement(STAR) Award(2016), Fiatech's CETI(The Celebration of Engineering and Technology Innovation) Award for Outstanding Early Career Research(2013) 등 여러 상을 수상했다.

Chapter 1

소개

시공 설계 조정의 일반적인 개념은 두 개 이상 부문 사이의 간섭을 피하기 위해 좁은 공간에서 건물 구성요소의 위치와 치수를 정의하는 것과 관련이 있는데, 이에 대한 내용은 건축, 구조, 기계, 전기, 배관 및 화재 보호(MEPF), 그리고 설계와 운영기준을 충족하는 여러 분야들(Korman &Tatum 2001; Korman et al., 2003)이 있다. 설계 간섭을 해결하는 과정은 매우 지식 집약적이며 의사 결정을 위해 다른 분야의 다양한 지식을 통합하고 소정해야 한다(Korman et al., 2003; Wang & Leite 2016). 광범위한 설계 조정을 통해 서로 다른 전문 설계자와 건설업자와의 설계 통합을 통해 구성요소 간의 간섭 없이 단일의 조정된 설계 세트를 만들 수 있다.

일반적으로는 설계자가 자신의 작업 범위와 다른 부문과의 연계 방법을 가장 잘 이해할 수 있기 때문에, 효과적인 설계 조정을 하게 된다면 현장의 문제를 확인하며 발생하는 비용초과, 일정 지연 및 일반적인 중단을 방지할 수 있다. 좀 더 구체적으로 설계 조정은 건물, 인프라 등 시설 생성에 관련된 다양한 부문 간의 통합 설계를 보장하는 프로세스를 말한다. 병원건물 같은 복합 시설은 서로 다른 이해관계자가 있으므로 다양한 건물 서비스가 상대적으로 좁은 공간에 밀집되어 설치되기 때문에 설계 조정은 더욱 중요해진다.

예전에는 2D 도면들을 테이블에 올려놓고 겹쳐서 비교하는 방식으로 설계 조정을 수행했다. 이 방식은단순히 현장에서 간섭을 피하도록 하는 것이 목표였다. 경험 많은 설계자들은 많은 설계상의 간섭을 2D로 해결할 수 있지만, Leite et al.(2011)에서 지적하고 이 책의 여러 장에서 기술된 바와 같이, 3D 공간의 간섭이 2D로만 표현되면 인간 인지의 한계로 인해 여러 간섭들을 찾아내지 못하는 경우가 많다. 또한 2D 비교방법은 시간이 많이 걸리고 반복되는 작업이다. 1990년대 중반 이미 3D 공간 조정 방식을 사용하고 있는 건축, 엔지니어링 및 건설(AEC) 전문가가 있었지만, 대다수가 2000년대 중반 빌딩 정보 모델링(BIM)이 광범위하게 채택되면서 3D 공간 조정을 사용하기 시작했다. BIM 모델은 1990년대와 2000년대 초에 사용된 3D 모델보다 훨씬 더 많은 정보를 담고 있다. 초기 3D 모델은 MEPF 시스템 구성요소의 형태, 크기 및 위치 정도를 설명할 수 있었지만, BIM은 제조업체, 모델 또는 제품 식별 코드, 유지 관리 정보와 같은 속성 데이터를 나타내고 활용할 수 있었다. 정보로 인해 풍부하게 포함된 BIM 모델을 통해 프로젝트 초기 단계에서 설계 조정이 시작되고 나서 여러 부문 간의 협업이 보다 효과적으로 가능해졌으며, 건물 시설의 수명주기 동안 전체의 완전한 통합 정보의 한계로 발생하는 손실을 줄일 수 있었다. 이러한 손실은 2004년에만 미국 내 자본 시설의 연간 약 158억 달러로 추산되었다(Gallaher et al., 2004). 물가상승률에 맞춰 조정하면 2019년 약 208억 달러에 육박할 것으로 추산된다.

또한 Eastman et al.(2011)에 언급된 바와 같이 BIM은 설계를 보다 빠르고 정확하게 시각화하고, 설계를 변경할 때 자동으로 낮은 수준의 보정을 수행하며, 모든 설계 단계에서 정확하고 일관적인 2D 도면을 생성하며, 여러 설계 분야의 공동 작업을 조기에 수행하고, 손쉬운 VE를 통해 여러 가지 이점을 제공할 수 있다. 설계 의도에 대한 일관적인 검증 역시 중요한 이점이다.

이러한 분명한 이점으로 인해 업계 전반에서 BIM의 사용이 증가하고 있다. 2008년에 Hartmann 등은 프로젝트 중 1~2개의 적용 분야에 대해서만 BIM을 사용해 왔다고 기록했다. Mostafa와 Leite(2018)는 Hartmann 등의 방법론을 복제하여 28개의 최신 사례 연구에 적용한 결과, 평균적으로 4개의 애플리케이션 영역에 대해 BIM을 구현하고 있었으며, 이 중 설계 조정이 가장 많이 구현되었음을 보여준다. 이 설명서는 BIM 기반 설계 조정의 프로세스에서 구조화된 가이드라인을 제공함으로써 잠재적으로 얻을 수 있는 이점을 제공한다.

이 책의 구조

이 책은 GC(General Contractor, 시공자), 가상 설계 및 시공(VDC) 팀, 설계자 및 협력업체를 위한 BIM 기반 설계 조정 가이드를 제공하며, VDC 역할로 업계에 합류하려는 팀의 교육지침도 포함된다. 이 책은 업계의 모범 사례로 구성되어 있는데 프로젝트 성공을 위한 실용적인 자료, 설계 조정에 대한 모델 품질 영향, 성공적인 설계 조정 세션 수행, 다양한 프로젝트 관계자를 위한 구체적인 지침 및 다른 산업 분야의 BIM 기반 설계 조정을 다루고 있다. 또한 BIM 기반 설계 조정 또는 BIM을 폭넓게 가르치는 학자들을 대상으로 한 교육 고려 사항을 다루는 장도 포함되어 있다. 그리고 설계 조정의 미래가 무엇인지를 다룬 장으로 마무리된다. 각 장들 전반에 걸쳐 프로젝트 설계 조정 워크플로우, BIM 프로젝트 실행 계획(PxP), 사례 연구의 실제 사례를 제공한다. 각 챕터별 특징은 다음과 같다.

챕터 2. 성공을 위한 프로젝트 셋업

성공적인 BIM 기반 설계 조정을 위한 프로젝트를 수립할 때, 건축주는 프로젝트 기준을 위해 GC와 설계자에 대한 기본 규칙을 정한 다음 협력업체에 인계할 수 있다. 건축주의 조건들은 GC와의 계약으로 명확하게 명시되어야 하며 BIM PxP에 반영되어야 한다. 상세한 BIM PxP의 개발이 이루어지면 모델링 조건, 파일 공유 프로토콜 및 팀 구성을 포함하여 프로젝트의 BIM 사용에서 예상되는 측면을 고려하여 프로젝트 팀을 위한 프레임워크도 구축된다.

이 챕터에서는 성공적인 BIM 기반 설계 조정을 위한 프로젝트를 구축하는 데 있어 건축주의 역할을 설명한다. BIM 실행과 관련된 건축주 요구사항을 기술한 샘플 계약내용도 제공되며 BIM PxP와 권장되는 팀 구성 및 기술도 다룬다.

챕터 3. 모델 품질

특정 영역에는 한계가 있겠지만 BIM의 잠재적인 활용에 대한 편익을 광범위하게 조사했다. 그러나 설계 조정을 위한 기능으로서 LOD(Level of Development) 수준에 대한 연구는 많지 않기 때문에 이 챕터에서는 모델의 품질과 LOD가 성공적인 BIM 설계 조정에 어떤 영향을 미칠 수 있는지 주로 설명한다.

MEPF 설계 조정과 관련하여 수행한 이전 연구 실험의 결과에 따르면, 3D BIM 기반 설계 조정은 지속적으로 더 높은 회수율을 보이며, 더 많은 소음을 포함하고 있더라도 모델에서의 간섭을 더 완벽하게 식별하는 결과를 낳았다(Leite et al., 2011). 동일한 연구 결과를 보면, 한 LOD에서 다른 LOD로 전환할 때 총 모델링 시간이 2배에서 11배까지 증가했다. 한 LOD에서 다른 LOD로 객체당 모델링 시간을 비교할 때 속도는 모델링 시간 감소는 0.2, 모델링 시간 증가는 −1.56였다. 따라서, 거짓 긍정을 최소화하면서 최대한 많은 간섭을 잡을 수 있도록 설계 조정과정 초기에 각 거래에서 사용할 LOD를 설정하는 것이 중요하다. 그러한 노력은 설계 및 시공 시보다 포괄적인 분석과 더 좋은 의사 결정으로 이어질 수 있다.

챕터 4. 성공적인 설계조정 미팅 수행

설계 조정에서 이루어지는 의사결정과 접근법은 주로 여러 분야의 전문가들의 노하우와 전문지식에 의존한다. BIM 관리자 또는 설계 조정 프로세스의 진행자는 일반적으로 GC 또는 설비 시공업체를 대표하며 모델 수집, 시스템 간 간섭 확인 및 식별된 간섭의 해결 등에 대한 노력을 조율한다. 이 챕터에서는 효과적인 설계 조정자의 특성을 설명하고 3D 모델링, 내부 조정, 통합 모델 조립, 간섭 감지, 간섭 분류 및 그룹화, 설계 조정 회의를 비롯한 설계 조정 워크플로우를 설명한다.

챕터 5. 시공사(GC) 및 VDC 조정 팀을 위한 구체적인 지침

VDC 조정 팀은 일반적으로 GC의 일부이며 전체 BIM 설계 조정 프로세스를 관리한다. 이 챕터에서는 GC 및 VDC 코디네이터에 대한 구체적인 지침을 다루고 설계 조정 과정에서 프로젝트의 BIM PxP 셋업을 진행하는 VDC 코디네이터/BIM 매니저의 역할과 책임을 설명한다. 또한 챕터 5에서는 건축주, 설계자 및 협력업체와 같은 다른 프로젝트 팀과의 VDC 팀 인터페이스에 대해 설명한다. 아카데믹 건축물에 대한 사례 연구가 제시되며, 설계 조정과 관련된 VDC 프로세스에서의 GC 역할을 설명한다.

챕터 6. 건축가 및 엔지니어를 위한 구체적인 지침

설계자, 엔지니어, 건축 엔지니어 및 설계 컨설턴트를 포함한 설계자는 설계 조정 프로세스의 기본 모델 역할을 하는 설계 모델을 생성할 책임이 있다. 또한 설계 조정, 시공성 평가 또는 기타 설계 변경에 기초하여 시공 단계 중에 설계 모델을 업데이트 해야 한다. 이 챕터에서는 설계 조정에 관련된 설계자를 위한 구체적인 지침을 다루고 설계자의 역할과 책임에 대해 논의한다. 또한 설계 팀이 VDC 팀 뿐만 아니라 협력업체 및 소유주와 같은 다른 프로젝트 이해 관계자들과 어떻게 상호 작용하는지도 설명한다.

시설 확장 프로젝트의 사례가 연구 대상으로 제시되며, 시공성 검토 프로세스의 현재 관행과 설계 단계에서 이 프로세스를 구현하는 데 필요한 과제를 문서화함으로써 공정 정보를 BIM에 통합하는 데 필요한 정보를 설명한다. 제시된 사례 연구는 설계자에 의해 만들어진 모델이 시공성 검토를 위한 기본 모델 역할을 할 수 있음을 보여준다.

챕터 7. 협력업체 및 제작업체를 위한 구체적인 지침

설계를 조정하는 과정에는 먼저 설계자 또는 엔지니어의 설계를 제작 모델(LOD 400 모델 등)로 상세히 설명하는 과정이 포함된다. 협력업체의 제작 모델 개발은 효율적이고 비용 효율적인 설계 시공 및 설치를 목표로 하는 엔지니어의 설계를 3D로 반영한 것이다. 따라서 협력업체와 제작업체는 설계 의도를 무손상 및 조립 가능 모델로 변환하는 고유한 역할을 수행한다. 이 챕터에서는 협력업체와 제작업체를 위한 구체적인 지침을 다루고 설계 조정 과정에서 협력업체와 제작업체의 역할과 책임을 논의한다. 또한 협력업체와 제작업체가 다른 프로젝트 팀과 상호 작용하는 방법도 설명한다.

아카데믹 건축물의 외장 실물 모형 사례 연구가 제시되며, 기계, 전기, 배관 및 방화(MEPF)뿐만 아니라 다양한 유형의 협력업체가 현장의 문제를 최소화하기 위해 VDC를 사용하는 방법을 보여준다.

챕터 8. 다른 산업 분야의 BIM 기반 설계 조정

챕터 2~7에서 설명된 대부분의 내용은 상업시설 프로젝트에서의 경험을 기준으로 한다. 그러나 대부분의 개념과 프로세스는 각 분야를 넘어서서 광범위하게 적용된다. 따라서 이 챕터에서는 이러한 시도들을 설명하는 것을 목표로 한다. 챕터 8에서는 중공업 및 인프라와 같은 다른 산업 부문이 설계 조정을 위해 BIM을 어떻게 활용했는지 또는 BIM을 더 잘 활용할 수 있는지 설명한다. 목표는 이전 장에서 논의된 개념이 다른 부문으로 이전될 수 있다는 것을 보여주는 것이다.

챕터 9. BIM 교육 고려 사항

이 책은 VDC 업계가 참여를 할 수 있는 교육도 목적으로 하고 있기 때문에, 이 챕터에서는 교육에 대한 내용을 다룬다. 이 교육 과정에서는 건설 공학 및 프로젝트 관리 분야의 대학원생과 건축 공학 학부생들을 위해 설계된 BIM 과정을 통해 얻은 경험과 교훈들을 설명한다. 본 코스는 차세대 AEC 전문가들이 BIM을 이해하고 기존 BIM을 효과적으로 사용하여 건축물 건설 프로젝트를 진행할 수 있도록 교육하기 위해 마련되었다. 본 코스의 교육 철학과 학습 목표를 설명하고, 본 코스의 모듈 중 하나로 구현된 전체 교육 모듈의 예를 제공한다. 또한 코스를 수행하는 다양한 측면에서 업계 담당자가 어떻게 활용되었는지도 설명한다.

챕터 10. 설계 조정의 미래 전망

소프트웨어 및 하드웨어 기술이 발전함에 따라 현재 BIM 기반 설계 조정 프로세스는 향후 10년 이내에 크게 바뀔 것으로 예상된다. 여러 부문의 데이터를 통합하거나, 그룹 간의 간섭을 평가하거나, 간섭을 평가하기 위한 시퀀스를 개발해야 하는 것보다, 인공지능을 사용하거나 오늘날 우리가 계획하는 데이터 준비 및 분석이 많이 필요하지 않은 접근방식을 생각할 수 있다. 이 챕터에서는 가상 설계 및 시공의 미래에 대한 비전을 논의한다.

References

Eastman, C., P. Teicholz, R. Sacks, and K Liston. 2011. BIM Handbook. A Guide to Building Information Modeling for Owners, Managers, Designers, Engineers and Contractors(2nd ed.). Hoboken, NJ: John Wiley and Sons.

Gallaher, M. P., A. C. O'Connor, J. L. Dettbarn, Jr., and L. T. Gilday. 2004. Cost Analysis of inadequate Interoperability in the U.S. Capital Facilities Industry. NIST GCR 04-867. Washington, DC: U.S. Department of Commerce, National Institute of Standards and Technology. https://nvlpubs.nist.gov/nistpubs/gcr/2004/NIST.GCR.04-867.pdf.

Hartmann, T., J. Gao, and M. Fischer. 2008. "Areas of Application for 3D and 4D Models on Construction Projects." Journal of Construction Engineering and Management 134(10). 776-785.

Korman, T. M., M. A. Fischer, and C.B. Tatum. 2003. "Knowledge and Reasoning for MEP Coordination." Journal of Construction Engineering and Management 129(6): 627-634.

Korman, T.M., and C. Tatum. 2001. Development of a Knowledge-Based System lo Improve Mechanical, Electrical, and Plumbing Co-ordination. Technical Report 129 Stanford, CA Center for Integrated Facility Engineering (CIFE), Stanford University.

Leite, F., A. Akcamete, B. Akinci, G. Atasoy, and S. Kiziltas. 2011. "Analysis of Modeling Effort and Impact of Different Levels of Detail in Building Information Models." Automation in Construction, 20(5), 601-609. hltps://doi.org/10.1016/j.autcon.2010.11.027.

Mostafa, K., and F. Leite. 2018. "Evolution of BIM Adoption and Implementation by the Construction Industry Over the Past Decade: A Rep heat ion Study." In Proceedings of the 2018 Construction Research Congress, New Orleans, LA, 180-189. ASCE. hltps://doi.org/10.1061/9780784481264.018.

Wang, L., and F. Leite. 2016. "Formalized Knowledge Representation for Spatial Conflict Coordination of Mechanical, Electrical and Plumbing(MEP) Systems in New Building Projects." Automation in Construction 64: 20-26. https://doi.org/10.1016/j.autcon.2015.12.020.

Chapter 2

성공을 위한 프로젝트 셋업

2.0 개요

이 챕터에서는 성공적인 BIM 기반 설계 조정을 위한 프로젝트를 수립할 때 건축주가 수행하는 역할에 대해 설명한다. BIM 실행과 관련된 건축주 요구 사항을 기술한 샘플 계약 언어가 제공된다. 이 챕터에서는 또한 BIM 프로젝트 실행 계획(PxP)과 권장되는 팀 구성 및 기술도 다룬다.

2.1 도입

성공적인 BIM 기반 설계 조정을 위한 프로젝트를 설정할 때, 소유주는 시공사(GC)와 설계자의 프로젝트 요건 측면에서 기본 원칙을 수립하고, 그 기본 원칙은 협력업체에 전달된다. 건축주 요구사항은 GC와의 계약 언어로 명확하게 명시되어야 하며 BIM PxP에 반영되어야 한다. 상세한 BIM PxP 개발이 이루어지면 모델링 요구조건, 파일 공유 프로토콜, 팀 구성 등 프로젝트에서 BIM 사용에 대한 예상 측면에서 프로젝트 팀을 위한 프레임워크도 구축될 것이다. 이 챕터에서는 BIM PxP에 대한 샘플 계약 언어 및 템플릿도 제공한다.

2.2 건축주의 역할

BIM 또는 통합 프로젝트 제공에 대한 많은 논의에서 발표자는 Figure 2.1과 유사한 그래프를 포함한다. 이는 설계가 프로젝트 비용에 미치는 영향 수준을 설명하는 Paulson(1976)의 그래프를 기반으로 하는데, 건축설계 회사 HOK의 전 CEO인 Patrick MacLeamy가 이 그래프의 최신 버전을 사용한 이후 더 널리 알려지게 되었다. 아이디어는 간단한데, 설계가 개발됨에 따라 변경 사항을 구현하기가 더욱 어려워지고 비용이 많이 든다는 것이다. 따라서 프런트 로딩 설계 작업을 통해 설계 변경으로 인한 비용 영향을 최소화하는 동시에 설계와 전체 프로젝트에 이득이 될 수 있다. 이는 책상에서 2D로 작업하거나 BIM을 기반으로 수행하거나 기본 전제는 VDC 또는 진행과정으로서 설계 조정에 대한 것이다. 궁극적으로 설계 조정의 목적은 서로 다른 거래 간에 가능한 많은 잠재적 간섭을 식별하여 이러한 간섭이 조정될 수 있도록 함으로써, 현장에서 감지된 간섭을 방지하고 프로젝트에 비용과 일정에 모두 영향을 미치는 것이다. 이러한 점을 염두에 두고, 건축주는 설계 조정 측면에서 프로젝트의 성공을 위해 기초적인 규칙과 요구 사항을 조기에 수립함으로써 핵심적인 역할을 다음과 같이 수행하게 된다.

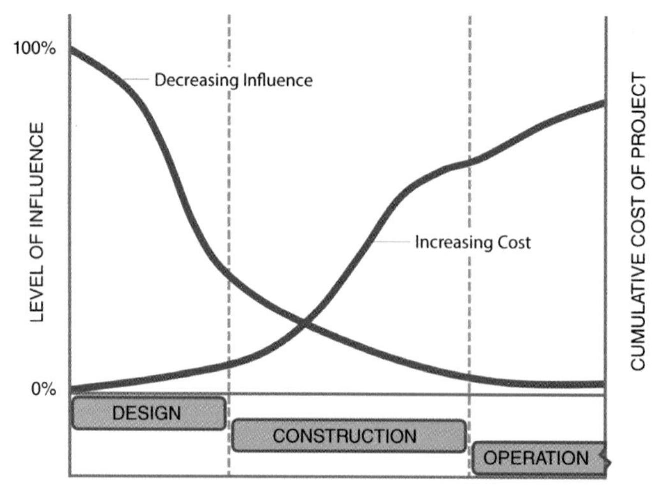

Figure 2.1 프로젝트 비용 중 디자인의 영향 수준
출처: Adapted from Paulson(1976)

첫째, 건축주는 BIM의 구현을 강제하는 계약 요건을 설정하고 설계, 시공, 준공, 시운전의 모든 단계에서 그리고 운영에 대한 이러한 구현을 모니터링해야 한다. 계약서에는 어떤 소프트웨어 시스템을 사용할지, 모든 직원 요구사항 및 요구조건을 충족하는지 명시하고 BIM PxP의 용도를 명시할 수 있다. 이러한 BIM 계약 의무사항은 모두 계약서에 명시되어 있으며, 설계 및 시공 시 커뮤니케이션이 원활히 이루어질 수 있도록 하는 것이 중요하다. 시공사(GC)는 3D 모델을 사용해야 할 의무가 있을 뿐만 아니라 협력업체도 각자의 역할을 위해 3D 모델링을 구현해야 한다. 전체 프로젝트 팀이 효과적으로 커뮤니케이션할 때, BIM 프로젝트 목표를 달성할 수 있다.

일단 GC가 선정되면, 건축주는 GC가 개발한 BIM PxP를 검토, 평가 및 코멘트를 통해 자신의 예상과 부합하는지 확인해야 한다. 전체 조직의 BIM 표준이 마련되어 있는 경우 BIM PxP에 대한 요구사항이 해당 표준에 포함되어야 한다. 미국의 일반적인 관행은 특히 설계 조정과 관련하여 GC가 건설 분야에서 BIM 구현을 주도하고 있지만, 건축주는 설계자에게도 BIM PxP를 요구할 수 있다. Box 2.1은 계약서 내용의 사례이다. 여기서 General Contractor(GC)라는 용어는 건설 관리자(construction manager)로 대체될 수 있으며 협력업체는 trades라고 지칭될 수 있다.

Box 2.1의 사례를 보면 선택한 소프트웨어 시스템을 다른 소프트웨어 시스템으로 교체할 수도 있다. 항목 2에서, 건축주가 설계 팀에게도 BIM PxP를 개발하도록 선택할 경우, 건축주는 해당 언어를 채택할 수 있으므로, 건축주가 설계 팀 및 GC와 별도의 계약을 체결하는 수행 방법을 가정하여 GC의 BIM PxP가 설계 팀의 언어와 일치하도록 할 수 있다. GC의 주요 BIM 관련 업무는 설계 조정 프로세스를 관리하고 시공 단계가 끝날 때 모든 주요 내용(예: 건축, 구조, 기계, 전기, 배관, 화재 보호)를 포함하여 통합 준공 BIM을 건축주에게 제공하는 것이다.

프로젝트가 진행되면 건축주는 정기적으로 모델을 확인하거나 매주 설계 조정 세션에 참여해야 한다. 건축주는 특히 BIM과 관련된 킥오프 미팅을 두 번 실시하는 것이 유리하다.

첫 번째 단계는 설계 단계이며, 전체 설계 팀은 물론 모든 주요 컨설턴트와 함께 한다. 이 회의는 설계 팀과 BIM 책임자가 주도해야 한다. GC 또는 시공 책임자가 선정되면 두 번째 회의를 개최하게 되는데 이때는 설계팀, GC팀, 주요 협력업체/건설업 등이 포함되어야 한다. 두 번째 회의는 GC팀과 BIM 책임자가 주도해야 한다. 건축주가 필요하다고 판단할 경우 건축주가 추가적인 BIM 검토 회의를 소집할 수 있다. 이러한 회의에는 BIM PxP 규정 준수 검사, 통합 모델에 대한 육안 검사, 설계 조정 프로세스의 검토 등이 포함될 수 있다. 또한, 건축주의 대리인이 있는 경우 GC의 BIM 관리자가 주도하는 주간 설계 소징 세션에 참석하는 것이 좋다. 또한 건축주는 또한 건축주와 설계자 간, 그리고 건축주와 GC 간 두 개의 별도 계약이 체결되어 있다고 가정할 때 디자이너와 GC 간의 모델 인도 과정을 용이하게 진행되도록 해야 한다.

Box 2.1 건축주와 건설사 사이의 계약 언어 샘플

BIM 요구사항 설정

1. 이 프로젝트는 BIM 승인 소프트웨어, 특히 Autodesk Revit®을 사용하여 설계되었다. 설계 및 시공의 모든 단계에서 Revit 호환 파일이 사용되며, 최신 버전의 Autodesk Navisworks Manage®를 사용하여 모델 파일 및 간섭 분석 세션이 수행된다.
2. 수주 후 30일 이내에, 그리고 건축주의 BIM 표준 검토 후, 건설사는 설계 조정 과정, 검토 및 건축주의 승인을 강조하여 제안된 BIM 프로젝트 실행 계획의 예비안을 제출해야 한다. BIM 프로젝트 실행 계획에는 BIM 기본 모델(즉, 건축 및 구조)의 사용과 조정 모델의 개발과 관련하여 협력사에게 지시하는 방법, 각 트레이딩, 플랫폼 표준 및 프로토콜의 참여 정도, 예상되는 디테일 수준, 트레이드별 모델 요소 범위, 설계조정 요구조건, BIM 샵드로잉, 충돌 감지 회의, 갈등 조정의 책임, 모델 관리 및 배포 등을 기술해야 한다.
3. 시공사는 BIM 관리자를 제공하고, 각 주요 협력사는 BIM 관리자가 주도하는 주간 설계 조정 회의에 참여해야 한다. 각 협력사는 주간 충돌 감지 회의 이외의 모든 논쟁 및 충돌을 다음 회의 전까지 조정하고 해결해야 한다.
4. 시공사는 각 협력사가 BIM 조정 과정을 통해 잠재적 갈등을 제거하도록 하고, 조정에 실패하여 해결되지 않은 현장 분쟁으로 이어질 경우 이전 비용을 부담해야 한다.
5. 시공사는 각 협력사가 Revit®과 호환되고 Autodesk Navisworks Manage®가 읽을 수 있는 형식으로 작업 도면을 개발하도록 요구해야 한다.
6. 실질적인 완료 시점에 제공되는 결과물의 일부로서, 시공사는 준공 모델 샵드로잉 및 각 협력사의 작업들에 대한 준공 상태를 반영하는 기록용 모델을 포함하여 조정된 모든 업데이트 모델을 건축주에게 제공해야 한다.

2.3 BIM 프로젝트 수행 계획

2000년대 들어 BIM이 주목을 받기 시작하면서 BIM 지침을 공식화하려는 노력이 대두되기 시작했다. 2011년 Penn State Computer Integrated Construction Research Program은 건설 산업 협회(CLI) 등과 함께 BIM 프로젝트 실행 계획 가이드를 개발했다. 이 가이드는 특정 프로젝트에 대한 BIM 프로젝트 실행 계획을 수립하고 실행하기 위한 구조화된 절차를 제공하며, 또한 BIM을 프로젝트 전달 프로세스로 구현하기 위한 전사적 방법을 개발하기 위한 방법을 정의한다. BIM PxP 템플릿은 군에서 민간 기업에 이르기까지 많은 조직이 Penn State 문서를 기반으로 하고 있다. 이 가이드는 아래와 같이 4단계로 구성된다(Messner et al., 2019).

1. 프로젝트의 BIM 목표와 용도 식별

이 첫 번째 단계는 BIM 미션 설명서와 조직에 도움이 될 표준 프로젝트 목표를 파악하는 것이다. 또한 이 단계에서는 BIM을 사용하여 목표와 일치하도록 팀이 수행하고자 하는 적절한 작업을 식별하도록 한다.

2. BIM 프로젝트 실행 프로세스 설계

이 단계는 첫 번째 단계를 기반으로 하는데, 여기에는 각 BIM 사용에 필요한 프로세스가 개략적으로 정리되어 있으므로 팀은 전체적인 그림을 보고 이해할 수 있다.

3. BIM 중간 산출물의 정보 교환 형태 정의

이 단계는 프로세스 전반에 걸쳐 BIM 정보가 한 프로세스에서 다른 프로세스로 전달되는 지점을 식별한 다음 이러한 정보 교환 및 BIM 제공 요건을 표준화하는 데 초점을 맞춘다. 본 가이드는 각 BIM 사용에 필요한 정보를 명확히 파악하고 정보 교환을 정의하는 데 도움이 되는 정보 교환 워크시트를 개발했다.

4. BIM 구현을 위한 지원 인프라 정의

이 단계에서는 선택된 BIM 사용을 수행하는 데 필요한 리소스와 인프라를 고려한다. 이는 인력, 계약 구조, 데이터 형식 표준, 프로젝트 실행 계획, 데이터 저장 및 처리를 위한 정보기술 인프라 및 2단계에서 식별된 기타 요구 사항에 이르기까지 다양하다.

BIM 프로젝트 실행 계획 가이드(Messner et al., 2019)의 부록으로 제공된 이 템플릿에는 15개의 섹션이 다음에 같이 나열된 템플릿 BIM PxP이 구성되어 있다. BIM PxP 템플릿은 이 챕터의 부록에 첨부되어 있다.

섹션 A: BIM 프로젝트 실행 계획 개요
섹션 B: 프로젝트 정보
섹션 C: 주요 프로젝트 연락처
섹션 D: 프로젝트 목표/BIM 사용
섹션 E: 조직 역할/인력
섹션 F: BIM 프로세스 설계
섹션 G: BIM 정보 교환
섹션 H: BIM 및 설비 데이터 요건
섹션 I: 협업 절차
섹션 J: 품질 관리
섹션 K: 기술 인프라 요구 사항
섹션 L: 모델 구조
섹션 M: 프로젝트 결과 자료
섹션 N: 납품 전략/계약
섹션 O: 첨부 파일

일반적으로 GC는 회사 BIM PxP 계획 템플릿을 각 특정 프로젝트에 맞게 조정한다. BIM PxP는 특히 설계 조정과 관련하여 BIM 관련 프로세스와 절차를 개략적으로 설명하고 건축주의 승인을 받아야 한다. GC의 BIM 관리자는 건축주 및 프로젝트 요구 사항에 맞게 계획을 조정할 책임이 있다.

연합모델은 무엇인가?

연합 모델은 설계자와 협력사가 만든 여러 모델로 구성된다. 기본 모델에는 건축 및 구조 모델이 포함된다. 각 협력사는 각자의 개별 작업 범위(예: 기계, 전기, 배관, 방화)에 맞는 모델을 제작한다. 이러한 개별 모델은 시공사의 BIM 관리자에게 전송되어 기본 모델과 모든 협력사 모델을 포함하는 연합 모델로 결합된다. 기본 모델과 협력사 모델의 개발 수준(LOD에 대한 논의는 챕터 3의 3.2절 참조)이 보통 다를 수 있다는 것을 유념해야 한다. 기본 모델은 보통 LOD 300에 있는 반면, 협력사 모델은 대개 LOD 400에 있기 때문에 종종 설계 조정 모델을 LOD 350(즉, 일부 요소는 LOD 400에 있음) 정도로 사용한다.

Table 2.11 BIM PxP에 따른 프로젝트의 BIM 목표 사례

우선 순위	목표	잠재적 BIM 사용자
높음	현장 수정작업 줄이기	3D 조정, 3D 시공성 검토
높음	개개인의 현장작업 줄이기	디지털 조립, 4D 모델링
중간	더 쉬운 완료 프로세스	모델링 기록

이 계획은 전체 건설 단계에서 모든 BIM 관련 프로세스 및 문제에 대한 지침 문서가 될 것이다. BIM PxP가 프로젝트에 특별히 맞춰져 있는 경우, GC는 프로젝트의 BIM과 관련된 기대와 우선순위를 명확하게 설명하는 모든 협력업체와의 미팅을 마련해야 한다. BIM PxP에서 개략적으로 설명할 수 있는 샘플 목표는 Table 2.1에 나와 있다. BIM PxP가 승인된 후에는 BIM이 실행될 수 있다.

2.4 설계조정팀 구성 및 기술

일반적으로 각 BIM 관련 역할은 BIM PxP에 규정되어 있다. GC는 일반적으로 최소 한 명의 BIM 직원(BIM 관리자)이 있어야 하는데, 이는 설계 조정 모델을 유지할 책임을 가지고 있다. BIM 관리자는 일반적으로 설계자와 협력업체가 BIM 문제를 해결하기 위한 주요 연락 창구이다. BIM 관리자는 또한 건설 단계에서 설계 조정 회의를 운영한다. 설계 조정 회의를 위한 전체 모델을 준비하기 위해 BIM 관리자는 각 협력업체의 모델을 수령하고 파일 공유 및 소프트웨어 조정을 관리하여 각자의 모델이 주 모델과 제때 통합되도록 해야 한다. 이러한 효율적인 파일 공유는 간섭을 감지하거나 시공성 분석이 원활하게 진행되도록 해준다. GC의 프로젝트 관리자는 BIM 관리자를 감독하고 팀원들이 성과에 대해 책임을 지게 할 수 있다.

GC는 BIM 설계 조정 세션의 많은 부분을 운영하고 있지만, 설계자는 적어도 한 명의 BIM 관리자를 고용해야 할 수도 있다. 설계자의 BIM 관리자는 설계 및 시공 단계에서 설계 모델을 업데이트할 책임이 있다. GC의 BIM 관리자는 설계자의 BIM 관리자를 설계와 관련된 BIM 문제의 창구로 사용한다. 설계자는 BIM 설계 조정 세션을 시작할 때 건축 및 구조 시스템을 최소한 포함하는 기본 3D 모델을 GC에 제공하여 협력업체에 배포해야 한다. 기계, 전기, 배관 및 방화(MEPF) 협력업체의 책임으로, 기본 3D 모델을 고려한 자체 작업 범위에 대한 3D 모델을 개발하고, GC, 설계자 및 기타 협력업체와 설계 조정 프로세스에 협력하며, 합의된 협력 모델을 따라 각자의 시스템을 구축한다.

프로젝트에 협력업체가 서명하기 전에 BIM의 사용을 계약서로 규정해야 한다. 각 협력업체는 성공적인 설계 조정을 위해 프로젝트의 BIM PxP에 설명된 BIM 관련 프로세스를 준수해야 한다. 각 협력업체는 설계 조정 세션에 참석하고 모든 모델 간섭을 해결할 책임이 있는 3D/BIM 기술자 및 해당 총괄 프로젝트 관리자를 고용해야 한다. 각 설계 조정 세션 후, BIM 기술자는 모델에서 논의된 변경 사항을 구현하는데, 이때 각 협력업체는 다음 설계 조정 세션을 위해 모델이 업데이트되고 건설 수행을 위해 설계 변경이 전달되는지 확인해야 한다. Table 2.2는 BIM PxP에 포함될 수 있는 역할 및 책임 샘플을 보여준다(GC의 역할은 챕터 5에서 자세히 설명한다).

Table 2.2

관계자	BIM관련 업무	BIM관련 책임
GC	BIM관리자	– 설계조정모델(연합모델) 유지관리 – BIM 이슈에 대한 설계자와 협력회사의 대표 컨텍 포인트 – 시공기간 동안 설계자와 협력사의 설계조정회의 운영 – 협력사의 기록모델과 제출물 관리 – 파일 공유 / 코디네이션 소프트웨어 관리
GC	Project Manager	– 전체 BIM 프로세스 점검 – 수행실적이 부실한 팀원에게 책임 부과
설계자	BIM관리자	– 디자인 모델 생성(건축, 구조 등) – 시공기간 동안 모델 업데이트 – 설계변경에 대한 모델 업데이트 – 디자인에 관련된 BIM 이슈의 컨텍 포인트
협력업체	BIM 기술자	– 각자의 트레이드 모델 생성(MEPF 등) – 주간 설계조정회의 참석, 모델 개발 참여 및 BIM PxP에 만들어진 요구조건 제출 – 모든 적용부위에 대한 각자 모델의 전체 코디네이션 및 문제점 해결. 협력사 간의 문제 해결은 인정되지 않고 시공사의 BIM 관리자가 수정 내용을 결정한다. – 시공기간 동안 모델 업데이트 – 조정된 시공 모델을 기준으로 그것의 결과물의 설치. 시공사의 BIM 관리자는 협력 모델과 다른(또는 모델링되지 않은) 하도급업체의 작업 설치로 인한 영향을 평가하여 이러한 영향을 완화하기 위한 시정 조치를 결정한다. 잘못 설치된 작업에 대한 책임이 있는 협력사들은 영향을 받는 부분을 교정하는 비용을 부담하게 된다. – 조정된 모델로부터 샵드로잉 제작

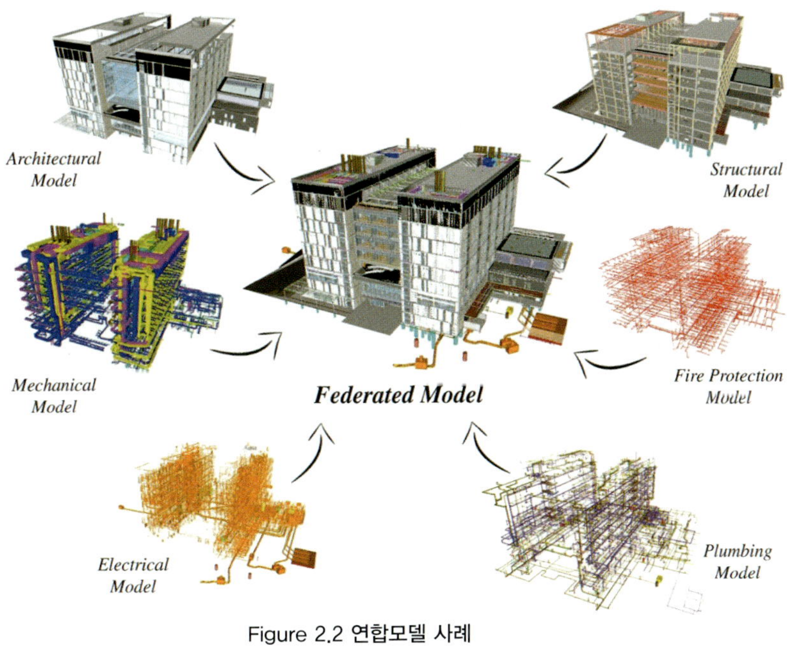

Figure 2.2 연합모델 사례

출처: Image courtesy Hensel Phelps.

2.5 통합 모델 예

Figure 2.2에 표시된 통합 모델은 미국 남부의 한 아카데믹 건축물에서 가져온 것이다. 이 건축물은 4만m^2가 넘는 열린 공간과 유연한 대화형 학습 공간을 갖추고 있으며, 최첨단 실험실, 개방 및 폐쇄된 학습 공간, 카페테리아, 도서관을 갖추고 있다. 건물의 남쪽에는 300석 규모의 큰 강당이 붙어 있다. 이 복합시설은 2015년 착공해 2017년 8월 사실상 준공됐다.

Figure 2.2에서 볼 수 있듯이, 이 건물은 고품질의 제품을 보장하기 위해 올바르게 조정되어야 하는 복잡한 시스템 통합을 보여준다. 프로젝트의 가장 복잡한 측면은 MEPF 조정 관점에서 BIM 사용이 가장 유용했던 부분으로서, 시설의 여러 설비 시스템을 수용하는 데 사용된 천정 내부공간의 조정이었다. 연구실에서는 매우 제한된 공간에 모두 맞는 덕트, 배관, 서비스, 전기, 배기, 방화, 보안 및 제어가 필요했다. 이러한 복잡한 조정 문제로 인해 건축주는 GC와의 계약에 BIM 사용을 규정하게 되었는데, 이것은 GC를 대신하여 BIM을 사용하는 목표 또한 이러한 계약 목표와 일치하도록 하는 것이다.

전반적으로 이 프로젝트에는 약 23명의 전문가가 BIM 실행에 참여했다. 일반적으로 각 역할은 BIM PxP에 규정되어 있다. GC는 BIM 관리자와 프로젝트 관리자, 두 명의 BIM 담당자를 고용해야 했다. BIM 관리자의 유일한 책임은 시공 조정 모델을 유지하는 것이었다. BIM 관리자는 건축가/엔지니어(A/E)이자 협력업체의 주요 연락 창구였으며 건설 단계에서 조정 회의를 진행하였다. 조정 회의를 위한 모델을 준비하기 위해 BIM 관리자는 협력업체의 모델을 기록하고 파일 공유 및 소프트웨어 조정을 관리하여 각 모델이 통합 모델과 제시간에 통합되도록 했다. 원활한 파일 공유를 통해 간섭 체크 및 구성성 분석을 정확하게 실행할 수 있었다. 프로젝트 매니저는 BIM 프로세스를 감독하고 팀원들이 성과에 대한 책임을 지도록 하는 책임을 맡았다.

GC는 BIM 조정의 많은 부분을 담당했지만, A/E는 적어도 한 명의 BIM 관리자를 고용해야 했다. A/E의 BIM 관리자는 시공 단계에서 설계 변경 사항을 반영하여 설계 모델을 업데이트해야 했다. GC의 BIM 관리자는 A/E BIM 관리자를 설계와 관련된 BIM 문제의 창구로 사용했다. BIM 조정을 시작할 때 설계자들은 구조 및 MEPF 시스템의 3D 모델을 제공했다. 각각의 시스템 구축에 협력하는 것이 협력업체의 일이었다.

Box 2.2 프로젝트의 협력 전략에 대한 BIM PxP 설명

BIM 프로세스는 모든 당사자들이 서로 자유롭게 협력할 때 가장 성공적이다. BIM 검토 및 조정 회의를 자주 개최하게 되면 이 프로세스가 전체 프로젝트에 도움이 될 수 있다. 커뮤니케이션은 BIM PxP에 요약된 회의에만 국한되어서는 안 된다. 문제 해결을 위한 지속적인 커뮤니케이션은 BIM 작업 흐름의 효율성을 크게 높일 것이다.

협력업체가 프로젝트에 서명하기 전에, BIM의 사용이 계약에 규정되었다. 각 협력업체는 BIM PxP에 따라 BIM 계획의 실행에 참여해야 했다. 각 협력업체는 모델 회의 및 조정 회의에 참석하고 모든 모델 간섭을 해결하는 책임을 맡은 3D 기술자 및 해당 총괄 프로젝트 관리자를 고용했다. 조정 회의가 끝난 후, BIM 정비사는 조정된 모델에서 논의된 변경 사항을 구현했다. 각 협력업체는 다음 조정 회의를 위해 모델이 업데이트되고 건설 실행을 위해 설계 변경 사항이 전달되도록 보장하였다.

성공적인 협업의 핵심은 명확한 커뮤니케이션과 실행이다. 이러한 것들은 아래의 Box 2.2 내용에 표시된 바와 같이 BIM PxP 설명서에 협업 전략이 명시되어야 한다.

2.6 요약 및 논의 사항

이 챕터에서는 성공적인 BIM 기반 설계 조정을 위한 프로젝트를 수립할 때 건축주가 해야 할 역할에 대해 설명했다. 건축주는 프로젝트 요구 사항과 관련하여 기본 규칙을 GC에게 설정하고 설계자는 협력업체에 전달한다. 건축주 요구사항은 BIM 실행과 관련된 샘플 계약서에 제공되었다. 또한 BIM PxP와 권장되는 팀 구성 기술이 제공되고 있다.

이 챕터를 읽은 후, 다음에 대해서 생각해 보시오.

1. 프로젝트에서 성공적인 BIM 실행을 보장할 수 있도록 하기 위하여 계약서에는 어떤 내용이 포함되어야 하는가?
2. 어느 쪽이 BIM 관리자를 제공하며, 이들의 핵심적인 책임은 무엇인가?
3. 베이스 모델은 무엇인가?
4. 연합 모델은 무엇인가?
5. 프로젝트에서 BIM을 성공적으로 구현하기 위해 시공자, 설계자 및 협력업체가 만들어야 하는 주요 역할과 직책은 무엇인가? 각 직책은 무엇을 담당하는가?

References

Paulson, Boyd. 1976. "Designing to Reduce Construction Costs." Journal of the Construction Division 102(4): 587–592.

Messner, John, Chimay Anumba, Craig Dubler, Shane Goodman, Colleen Kasprzak, Ralph Kreider, Robert Leicht, Chitwan Saluja, and Nevena Zikic. 2019. BIM Project Execution Planning Guide v2.1. State College, PA: CIC Research Group, Department of Architectural Engineering, The Pennsylvania State University. http://bim.psu.edu/project/resources/. (see file:///C:/Users/fl3638/Downloads/BIM-Project-ExecutionPlanning-Guide-Version-2.2-1568548016.pdf)

여기에 복제된 BIM PxP 템플릿(Messner et al., 2011)은 Creative Commons 라이선스 계약에 의거 출판되었다.

BIM 프로젝트 수행 계획 Version 2.0
For [PROJECT TITLE] developed by [AUTHOR COMPANY]

이 템플릿은 계약에 따라 요구되는 대로 BIM 프로젝트 실행 계획 개발을 지원하기 위해 제공되는 도구이다. 템플릿 플랜은 펜실베이니아 주립대 컴퓨터통합건설(CIC) 연구그룹이 개발한 빌딩SMART(buildingSMART Alliance™) 프로젝트 'BIM 프로젝트 실행 계획'에서 만들어졌다. bSa 프로젝트는 Charles Pankow 재단(http://www.pankowfoundation.org), 건설산업연구소(CII)(http://www.construction-institute.org), 물리적 플랜트의 Penn State 사무소(OPP)(http://www.opp.psu.edu) 및 건설 우수성을 달성하기 위한 파트너십(PACE)(http://www.engr.psu.edu/pace) 등이 후원한다. BIM 프로젝트 실행 계획 가이드는 http://www.engr.psu.edu/BIM/PxP 에서 다운로드할 수 있다.

이 커버시트는 최소 문서 제목을 포함하는 회사별 커버시트로 대체할 수 있는데 여기에는 프로젝트 제목, 프로젝트 위치, 제작업체 및 프로젝트 번호 등이 포함된다.

BIM 프로젝트 수행 계획 Version 2.0
For [PROJECT TITLE] developed by [AUTHOR COMPANY]

목차

Section A: BIM 프로젝트 수행 계획 개관

프로젝트에 빌딩 정보 모델링(BIM)을 성공적으로 구현하기 위해 프로젝트 팀은 이 상세한 BIM 프로젝트 실행 계획을 수립했다. BIM 프로젝트 실행 계획에서는 프로젝트 라이프사이클 전체에 걸쳐 BIM을 실행하기 위한 프로세스의 상세 설계와 함께 프로젝트에 대한 BIM의 용도(예: 설계 작성, 비용 추정, 설계 조정)를 정의한다.

[해당되는 경우 여기에 추가 정보를 삽입하십시오. 예: BIM 임무 설명]
이곳은 추가적인 BIM 개요 정보를 제공하는 장소이다. 이 문서의 첨부 파일로 추가 상세 정보를 포함할 수 있다.

참고: 이 가이드를 완료하는 데 도움이 되는 지침과 예는 현재 회색으로 표시되어 있다. 텍스트는 템플릿을 작성하는 조직 자체의 필요에 맞게 수정될 수 있으며 수정되어야 한다. 수정할 경우 나머지 문서와 일치하도록 텍스트 형식을 변경해야 한다. 대부분의 경우 템플릿 스타일에서 일반 스타일을 선택하여 이 작업을 완료할 수 있다.

Section B: 프로젝트 정보

이 섹션에서는 기본 프로젝트 참조 정보와 결정된 프로젝트 마일스톤을 정의한다.

1. **프로젝트 소유자**
2. **프로젝트 이름**
3. **프로젝트 장소 및 주소**
4. **계약 종류 / 수행 방법**
5. **프로젝트 설명(시설 개수, 크기 등)**
6. **추가 프로젝트 정보(특별한 BIM 프로젝트 특성 및 요구조건)**
7. **프로젝트 번호**

프로젝트 정보	번호
계약 번호	
작업 순서	
프로젝트 번호	

8. **프로젝트 스케쥴 / 단계 / 이정표**

   BIM 이정표, 사전 설계 작업, 주요 설계 검토, 이해관계자 검토 및 프로젝트 수명 주기 동안 발생하는 기타 모든 주요 이벤트를 포함한다.

프로젝트 단계	예상 시작일	예상 완성일	프로젝트 관계자
기획 단계			
도서 작성			
시공 단계			
시공			

Section C: 프로젝트 연락처

프로젝트의 각 조직에 대한 리드 BIM 담당자 목록. 추가 연락처는 나중에 문서에 포함할 수 있다.

역할	조직	담당자	위치	E-MAIL	전화
Project Manager(s)					
BIM Manager(s)					
Disciplin leads					
Other Project Roles					

Section D: 프로젝트 목표 / BIM 사용

프로젝트 가치를 극대화하기 위해 BIM 모델 및 설비 데이터를 활용하는 방법에 대해 설명한다(예: 설계 대안, 수명 주기 분석, 스케줄링, 견적, 재료 선택, 조립 전 기회, 현장 배치 등). (www.engr.psu.edu/bim/download BIM 목표 및 사용 분석 워크시트 참조)

1. 주요 BIM 목표 / 목적

주요 BIM 목표 및 목적을 기술하시오

우선순위 (HIGH/MED/LOW)	목표	잠재적 BIM 사용

2. BIM 사용 분석 워크시트: 첨부 1

BIM 목표 및 사용 분석 워크시트는 www.engr.psu.edu/bim/download을 참조한다.

BIM 사용 분석 워크시트를 첨부 파일 1로 첨부한다.

3. BIM 사용

프로젝트 팀이 BIM 목표 및 사용 분석을 사용하여 선택한 BIM 모델을 사용하여 개발할 추가 BIM 용도 옆에 X를 강조 표시한다. 사용설명은 www.engr.psu.edu/BIM/BIM_Uses의 BIM 프로젝트 실행 계획 가이드를 참조하시오. 빈 셀에 적용할 수 있는 경우 추가 BIM 사용을 포함한다.

X	PLAN	X	DESIGN	X	CONSTRUCT	X	OPERATE
	프로그래밍		디자인 제작		부지 인프라 계획		건물 관리 스케줄링
	대지 분석		디자인 리뷰		시공시스템 계획		건물 시스템 분석
			3D 조율		3D 조율		예산 관리
			구조 분석		디지털 적용		공간 관리 / 추적
			조명 분석		3D 제어 계획		재난관리 계획
			에너지 분석		모델링 기록		모델링 기록
			기계시스템 분석				
			기타 시스템 분석				
			친환경 평가				
			법규 확인				
	순차 계획(4D 모델링)		순차 계획(4D 모델링)		순차 계획(4D 모델링)		순차 계획(4D 모델링)
	견적		견적		견적		견적
	현황 모델링		현황 모델링		현황 모델링		현황 모델링

Section E: 조직의 역할 / 인원계획

프로젝트의 BIM 역할/책임 그리고 BIM 인원계획의 결정

1. BIM 역할과 책임

BIM 매니저, 프로젝트 매니저, 설계담당자 등 같은 역할과 책임 등을 기술한다.

2. BIM 사용 인원계획

선택한 각 BIM 사용에 대해 조직 내에서 필요한 개인 시간을 사용하고 이를 수행할 팀을 지정한다.

BIM 사용	조직	전체 BIM 사용자 수	예상 작업시간	위치	연락처
3D coordination	Constractor A				
	B				
	C				

Section F: BIM 프로세스 설계

섹션 D의 프로젝트 목적 / BIM 목표에서 선택된 각 BIM 사용에 대한 프로세스 지도의 제공. 이러한 프로세스 지도는 각 BIM의 실행에 대한 자세한 계획을 제공한다. 또한 각 활동에 대한 구체적인 정보 교환을 정의하여 전체 실행 계획의 기반을 구축한다. 이러한 계획에는 BIM 사용의 개요 지도(레벨 1)와 각 BIM 사용에 대한 상세 지도(레벨 2) 및 각 지도에 있는 요소 설명이 해당되는 경우 포함된다. 레벨 1 및 2의 샘플 지도는 www.engr.psu.edu/BIM/download 에서 다운로드할 수 있다(이 지도는 샘플 지도이며 프로젝트별 정보와 요구 사항에 따라 수정해야 한다). 챕터 3의 BIM 프로젝트 실행 계획 가이드의 BIM 프로젝트 실행 프로세스 설계(www.engr.psu.edu/BIM/PxP)를 참조한다.

1. 레벨1 프로세스 개요 지도: 첨부 2

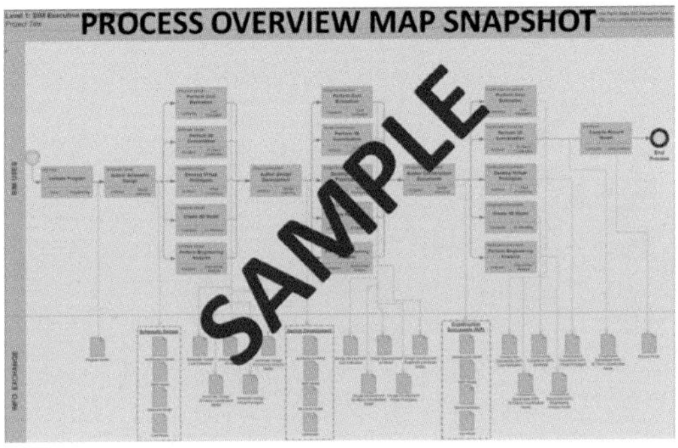

2. 레벨2 상세 BIM 사용 프로세스의 지도의 리스트: 첨부 3

다음은 사례이며 지정된 프로젝트에 따라 수정된다. 몇 개의 프로세스 지도는 제거될 수 있고 일부는 추가될 수 있다.

a. 현재 조건 모델링
b. 비용 예상
c. 단계 계획(4D 모델링)
d. 프로그래밍
e. 사이트 분석
f. 설계 검토
g. 디자인 저작
h. 에너지 분석
i. 구조 분석
j. 조명 분석
k. 3D 조정
l. 사이트 활용 계획
m. 3D 제어 및 계획
n. 기록용 모델링
o. 유지 관리 스케줄링
p. 빌딩 시스템 분석 [사용하지 않은 프로세스 맵 삭제 또는 목록에서 추가]

Section G: BIM 정보 교환

분야별, 세부 수준별 모델 요소 및 프로젝트에 중요한 특정 속성은 정보 교환 워크시트를 사용하여 문서화한다. 이 템플릿을 완성하기 위한 상세 내용들은 BIM 프로젝트 실행 계획 가이드에서 챕터 4 '정보 교환 요구사항 정의'를 참조한다.

1. 정보교환 워크시트의 리스트: 첨부 4

다음은 사례이며 지정된 프로젝트에 따라 수정된다. 몇 개의 프로세스 지도는 제거될 수 있고 일부는 추가될 수 있다.

a. 현재 조건 모델링
b. 비용 예상
c. 단계 계획(4D 모델링)
d. 프로그래밍
e. 사이트 분석
f. 설계 검토
g. 디자인 저작
h. 에너지 분석
i. 구조 분석
j. 조명 분석
k. 3D 조정
l. 사이트 활용 계획
m. 3D 제어 및 계획
n. 기록용 모델링
o. 유지 관리 스케줄링

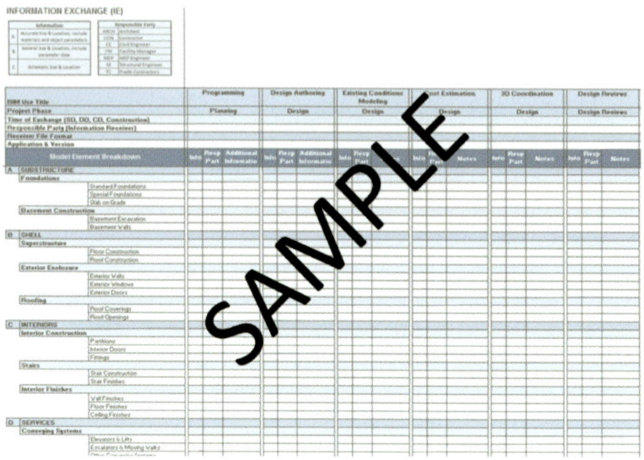

2. 모델 정의 워크시트: 첨부 5

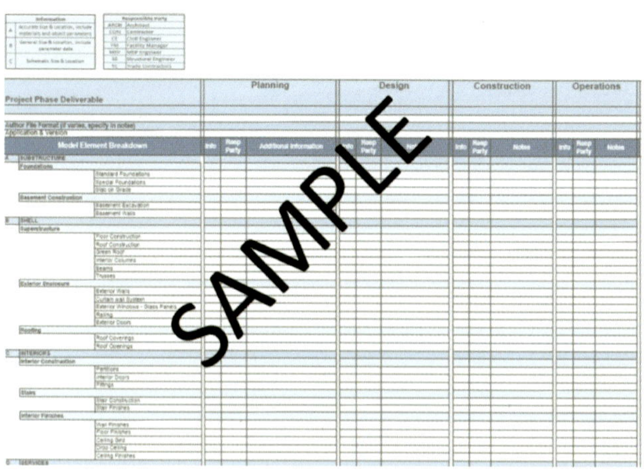

Section H: BIM과 시설 정보 요구사항

이 섹션에는 건축주의 BIM 요구조건이 포함되어야 한다. BIM에 대한 건축주의 요구사항이 프로젝트의 BIM 프로세스에 통합될 수 있도록 고려하는 것이 중요하다.

Section I: 공동작업 절차

1. 공동작업 전략

프로젝트 팀이 어떻게 협력하는지에 대해 기술. 소통 방법, 문서 관리 및 이전, 기록 저장 등에 대한 아이템들을 추가한다.

2. 미팅 절차

다음은 미팅 진행 시 고려해야 할 사항에 대한 사례이다.

미팅 유형	프로젝트 단계	빈도	참여자	위치
BIM 킥오프 미팅				
BIM 수행계획 시연				
디자인 협회				
약식 시공과정 리뷰				
다수가 참여하는 기타 BIM 미팅				

3. 모델 제출과 승인을 위한 정보교환의 모델 작업 일정

정보 교환과 프로젝트에서 발생하는 파일 전송에 대해 기록한다.

정보교환	파일 전달	파일 수신	빈도	기한 또는 시작일	모델 파일	소프트웨어	원본 파일 종류	교환 파일 종류
3D제작 조율	시공 기술자	(FTP POST) (COORDINATION LEAD)	매주	(DATE)	STRUCT	DESIGN APP	.XYZ	.XYZ .ABC
	설비 기술자	(FTP POST) (COORDINATION LEAD)	매주	(DATE)	STRUCT	DESIGN APP	.XYZ	.XYZ .ABC

4. 대화형 작업공간

프로젝트 팀은 BIM 계획 의사 결정 프로세스를 개선하는 데 필요한 협업, 커뮤니케이션 및 검토를 수용하기 위해 프로젝트 라이프사이클 전체에 걸쳐 필요한 물리적 환경을 고려해야 한다. 프로젝트 팀이 어떻게 배치될 것인지 설명이 필요하다. "팀이 협력할 것인가?"와 같은 질문을 생각해 본다. 그렇다면, 그 공간에는 위치와 무엇이 있을까? BIM 트레일러가 있을까? 만약 그렇다면 컴퓨터, 프로젝터, 테이블, 테이블 구성과 같은 공간에는 무엇이 위치할 것인가? 프로젝트의 작업영역에 대해 필요한 추가 정보를 포함한다.

5. 전자 소통 절차

(참고: 파일 이름 지정 및 폴더 구조는 섹션 L. 모델 구조에서 설명한다.)

권한/액세스, 파일 위치, FTP 사이트 위치, 파일 전송 프로토콜, 파일/폴더 유지관리 등과 같은 문서 관리 문제를 해결하고 각각에 대한 절차를 정의해야 한다.

파일 위치	파일 구조 / 이름	유형	패스워드	파일 관리자	업데이트
FTP SITE:ftp://ftp.****.com/***/****	ROOT PROJECT FOLDER	FOLDER	YES ************	JIM McBIM	ONCE
	ARCH ROOT FOLDER	FOLDER			ONCE
	ARCH-11111-BL001.xyz	.xyz			DAILY
NETWORK drive@ PSU F:\PROJECT\BIM	ROOT PROJECT FOLDER	FOLDER	NO	JIM McBIM	ONCE
Project Management Software www.*****.com					

Section J: 품질 관리

1. 품질관리의 전반적 전략

모델의 품질을 관리하기 위한 전략을 설명한다.

2. 품질관리 체크리스트

다음의 체크리스트는 품질 보장을 위해 작성한다.

체크	정의	책임자	프로그램	빈도
시각적 체크	의도하지 않은 모델 구성 요소가 없는지, 설계 의도를 준수했는지 확인한다.			
상호간섭 체크	모델의 두 건물 구성요소가 간섭하는 문제(소프트 및 하드) 감지			
기본적 체크	BIM 및 AEC CADD 표준(글꼴, 치수 s, 선 스타일, 레벨/레이어 등)을 준수했는지 확인			
모델 완전성 체크	프로젝트 시설 데이터 세트에 정의되지 않았거나 잘못 정의되었거나 중복된 요소가 없는지 확인하는 데 사용되는 QC 유효성 검사 프로세스와 비준수 요소 및 수정 조치 계획에 대한 보고 프로세스를 설명한다.			

3. 모델 정확도 및 허용오차

모델은 설계 의도, 분석 및 시공에 필요한 모든 적절한 치수를 포함해야 한다. 상세도 및 포함된 모델 요소는 정보 교환 워크시트에 나와 있다.

단계	분야	허용오차
DESIGN DOCUMENTS	ARCH	ACCURATE TO +/–[#]OF ACTUAL SIZE AND LOCATION
SHOP DRAWINGS	MECH CONTRACTOR	ACCURATE TO +/–[#]OF ACTUAL SIZE AND LOCATION

Section K: 기술적 기반 요구사항

1. 소프트웨어

BIM 진행에 사용되는 소프트웨어 리스트. 적용되지 않은 소프트웨어는 삭제한다.

BIM 사용	분야	소프트웨어	VERSION
DISGN AUTHORING	ARCH	XYZ DESIGN APPLICATION	VER. X.X(YEAR)

2. 컴퓨터 및 하드웨어

여러 분야 또는 조직 간에 정보가 공유되기 시작하면 하드웨어 사양을 이해하는 것이 중요하다. 또한 후속의 하드웨어가 정보를 생성하는 데 사용되는 하드웨어보다 강력하지 않도록 하는 것이 중요하다. 이러한 일이 발생하지 않도록 하려면 BIM에 가장 많이 사용되며 대부분의 용도에 가장 적합한 하드웨어를 선택해야 한다.

BIM 사용	하드웨어	하드웨어 소유자	사양
DESIGN AUTHORING	XXX COMPUTER SYSTEM	ARCHITECT X	PROCESSORM OPERATING SYSTEM, MEMORY STORAGE, GRAPHICS, NETWORK CARD, ETC.

3. 모델 자료와 참조용 정보

패밀리, 워크스페이스, 데이터베이스 같은 아이템들에 대해 확인한다.

BIM 사용	분야	모델 자료 / 참조용 정보	VERSION
DESIGN AUTHORING	ARCH	XYZ APP FAMILIES	VER. X.X.(YEAR)
ESTIMATING	CONTRACTOR	PROPRIETARY DATAMASE	VER. X.X.(YEAR)

Section L: 모델 구조

1. 파일명 구조

모델 파일명의 구조를 결정하고 나열한다.

각 모델의 파일명 구조는 다음과 같다:	
DISCIPLINE – PROJECT NUMBER – BUILDING NUMBER.XYZ(example: ARCH-11111-BL001.xyz)	
ARCHITECTURAL MODEL	ARCH-
CIVIL MODEL	CIVIL-
MECHANICAL MODEL	MECH-
PLUMBING MODEL	PLUMB-
ELECTRICAL MODEL	ELEC-
STRUCTURAL MODEL	STRUCT-
ENERGY MODEL	ENERGY-
CONSTRUCTION MODEL	CONST-
COORDINATION MODEL	COORD-

2. 모델 구조

모델이 건물, 층별, 구역별, 면적별 그리고 규정에 따라 어떻게 구분되는지 설명하고 다이어그램으로 표현한다.

3. 측정 및 조정 시스템

사용된 측정 시스템(영국식 또는 미터법)과 좌표 시스템(지리 참조)에 대해 설명한다.

4. BIM & CAD 기준

BIM 및 CAD 표준, 컨텐츠 참조 정보, IFC 버전 등과 같은 항목을 규정한다.

기준	버전	BIM 적용	적용 조직
CAD STANDARD		DESIGN AUTHORING	ARCHITECT
IFC	VERSION/MVD(s)	RECORD MODELING	CONSTRUCTION MANAGER

Section M: 프로젝트 모델 결과물

이 섹션에서는 프로젝트에 대한 BIM 결과물과 정보가 전달되는 형식을 나열한다.

BIM 제출물	단계	예상 마감일	포맷	NOTES
	중간설계			
	실시설계			
	시공			
기록 모델	종료		(.xyz)	기록정보모델 교환시 적절한 정보가 모델에 포함되어 있는지 확인할 것

Section N: 작업진행 전략 / 계약

1. 프로젝트의 작업진행과 계약 전략

선택한 납품 방법 및 계약 유형으로 BIM을 성공적으로 사용하려면 어떤 추가 조치를 취해야 하는가?

2. 팀 선정 절차

위의 수행 전략과 계약 유형을 고려할 때 미래의 팀원들을 어떻게 선발할 것인가?

3. BIM 계약 절차

향후 계약에서 BIM은 어떻게 작성되어야 하는가?(서류/계약서가 작성되면 첨부파일 6과 같이 첨부하시오.)

Section O: 첨부

1. BIM 사용 선택 워크시트
2. 레벨1 프로세스 개요 지도
3. 레벨2 상세한 BIM 사용 프로세스 지도
4. 정보교환 요구사항 워크시트
5. 모델 정의 워크시트
6. 다듬어진 문서 / 계약서

Chapter 3

모형 편집

3.0 개요

빌딩 정보 모델은 현재 특정 영역에서만 제한된 채 사용되고 있지만, 이를 활용할 경우의 잠재적 편익을 광범위하게 연구해 왔다. 그러나 설계 조성 기능에 대한 개발요구수순(LOD)에 대한 연구는 많지 않다. 본 챕터에서는 모델 품질과 LOD가 성공적인 BIM(빌딩 정보 모델링) 설계 조정 과정에 어떤 영향을 미칠 수 있는지 설명한다. 기계, 전기, 배관 및 화재 방지(MEPF) 설계 조정과 관련하여 수행된 이전 연구 실험의 결과에 따르면 3D BIM 기반 설계 조정은 일관되게 더 높은 정확도를 보이고 오류를 보다 완벽하게 식별하는 내용을 보여주고 있다(Leite et al., 2011). 동일한 연구 결과, 한 LOD에서 다른 LOD로 전환할 때 총 모델링 시간이 2배에서 11배까지 증가한 것으로 나타났다. 한 LOD에서 다른 LOD로 객체당 모델링 시간을 비교했을 때 이에 대한 속도는 0.2(모델링 시간 감소)에서 1.56(모델링 시간 증가) 사이였다. 따라서, 높은 정확도를 가지고 오류를 식별할 수 있도록 하기 위해 설계 조정 과정 초기에 각 과정에서 사용할 LOD를 설정하는 것이 중요하다. 이러한 노력들은 설계 및 시공 시보다 포괄적인 분석과 더 적절한 의사결정을 할 수 있도록 지원할 수 있다.

본 챕터의 대부분은 Leite et al.(2011)에 기초하고 있으며, Elsevier는 이 책에 출판될 수 있도록 저작권을 허가했다.

3.1 소개

BIM을 활용함으로써 얻을 수 있는 잠재적인 이점에 대해서는 많이 언급되고 있지만, 여러 LOD에서 BIM을 생성하는 것과 관련된 모델링 시도와 LOD가 프로젝트에 미치는 영향을 조사하는 연구는 많지 않다. 하지만 이러한 조사는 풍부한 건물 표현의 장점을 최대한 높이기 위해 중요하다.

연구자들은 BIM의 부가 가치를 정량화 하기 위해 BIM이 사용된 목적에 따라 서로 다른 평가 지표를 사용해 왔다. 설계 중 노동 시간의 절약, 시설 내 객실과 공간의 수량화, 비용 추정 및 설계 조정의 시간 및 정확성 개선, 정보 요청 수 감소(RFI) 및 변경 주문 수 감소 등은 이전 연구에서 BIM 사용에 의해 늘어난 가치를 수량화 하기 위해 사용된 메트릭스의 한 예이다(Boryslawski, 2006; Staub-French & Khanzode, 2007; Kaner et al., 2008; Khanzode et al., 2008; Manning & Messner, 2008; Leite et al., 2011' Choi et al., 2018).

BIM의 편익을 정량화 하는 것도 중요하지만 건설 프로젝트에서 BIM 사용에 따른 예상 부가가치를 달성하기 위해 건물 정보 모델에 무엇을 포함시켜야 하는지 파악하는 것도 마찬가지로 중요하다. 포함될 LOD는 프로젝트에 대한 빌딩 정보 모델을 개발하는 동안 고려해야 할 중요한 기준이다. BIM의 사용(예: 비용 추정, 에너지 시뮬레이션, 설계 조정)은 모델이 가져야 할 LOD를 좌우하는 경우가 많다. 따라서, 다양한 기능에 BIM을 활용하는 프로젝트는 종종 다른 버전의 모델(예: 비용 모델, 시공 순서 모델, 설계 조정 모델)을 갖게 된다. 따라서 모델의 용도에 따라 모델의 LOD를 정의하는 것이 중요하다. 이 챕터에서는 설계 조정 과정에서 LOD가 미칠 수 있는 영향에 대해 논의하고 설계 조정에 대한 권장 사항을 다룰 것이다.

3.2 모델링 및 BIM 디테일의 수준별 영향 분석

LOD의 모델링 노력과 영향을 평가하기 위해 Leite 등 연구진(2011)은 서로 다른 LOD를 모델링해야 하는 두 개의 건설 프로젝트를 선정하였다. 원본 문서의 대부분은 이 챕터에 포함되어 있으며, 경우에 따라 업데이트 내용도 포함되어 있다. 프로젝트 설명, BIM 사용 및 본 백서의 목적을 위해 수행된 연구를 포함하여 선정된 프로젝트와 이러한 프로젝트들이 이 연구에 어떻게 적용되는지에 대한 개요가 Table 3.1에 나와 있다. 프로젝트는 뒤에서 상세하게 설명할 것이며, 이어서 각 프로젝트에 대한 두 가지 유형의 연구가 각각 어떻게 수행되었는지에 대해서도 상세히 설명할 것이다.

3.2.1 프로젝트 1

프로젝트 1은 189,000ft^{2}의 사무실 공간에 5층으로 구성된 상업용 건물이었다. 코어 및 외장 구축의 예상 비용은 미화 1,400만 달러였다. 건물의 주요 구조 요소(보와 기둥)는 강철이었고, 외장재는 금속 스터드가 있는 커튼과 벽돌 베니어 벽으로 구성되었다. 건설 공사에는 관련된 모든 현장, 구조, 기계, 배관, 방화 및 전기 부품도 포함되었다.

이 프로젝트를 위한 빌딩 정보 모델의 개발은 건설 단계의 시작과 동시에 시작되었으며 국립 BIM 표준(National Institute of Building Sciences, 2015)에 설명된 BIM의 개념과 대조를 이뤘지만, 이는

Table3.1 프로젝트 이해

	프로젝트 설명			BIM 사용		수행할 연구	
	건물유형	크기	공사비	LOD의목표	구성요소	모델작업	LOD의 영향 측정
프로젝트1	상업용건물	5층 189,000ft^2	14만불	수직정렬 및 디자인 검토	구조 요소 기초, 지붕, 외장재	다양한 구성요소를 위한 두가지 LOD 모델링	
프로젝트2	아카데믹 건물	2개의 9층 210,000ft^2	97만불	시각화 및 디자인 검토	구조와 건축, MEPF 요소	외장재를 위한 두 가지 LOD 모델링	MEPF 설계조정에서 간섭의 정밀도와 회수율

프로젝트 1에서 수행한 접근 방식이기 때문에 여기에서 다루고 있다. 이상적으로는 초기 설계 단계부터 모델을 개발 및 증강하여 설계자가 프로젝트를 보다 잘 이해하고 시설을 가상으로 구축할 수 있도록 해야 한다. 시공사(GC)의 목표는 건설 중 BIM 사용에 대한 경험을 쌓고 BIM의 이점과 한계를 준수하는 것이었다. 이 프로젝트에서 연구팀은 GC가 이를 달성하도록 돕고 본 논문에서 제시된 연구를 위해 건설하는 동안 건물 정보 모델의 여러 부분에 대한 GC의 LOD 요구사항을 확인하는 것이었다.

연구팀은 건물 정보 모델이 프로젝트 관리자의 요구 사항에 따라 생성될 때 모델의 각 구성 요소에 대해 서로 다른 LOD를 갖는 것을 관찰하였다. 이와 같이 서로 다른 LOD와 관련하여 모델링해야 하는 객체의 수와 필요한 모델을 생성하는 시간이 변경되었다. 연구팀은 이 프로젝트의 모델이 필요한 LOD에서 진화하는 동안의 모델링 시간을 추적했다. 주목할 점은 회사와 프로젝트 관리자가 BIM을 새로운 비즈니스 프로세스로 구현하고 있었고 이 때문에 익숙하지 않은 프로세스로 진행되었다는 것이다. 건물 정보 모델의 LOD는 프로젝트 관리자가 매일 내려야 하는 결정에 따라 구성 요소를 모델링하도록 요청했기 때문에 프로젝트 관리자의 관점을 반영한다. 이러한 요구 조건에는 금속 스터드 및 엘리베이터 개구부의 수직 정렬 검증, 주변 슬라브 상태 조정 및 구조 상단에 발생하는 문제 해결을 위한 프로젝트의 특정 부분에 대한 설계 점검 및 모델링 등이 포함되었다.

연구팀이 개발한 모델의 품질은 상업적으로 이용 가능한 모델 검사기 소프트웨어 도구에서 평가한 후 LOD 변형과 그에 상응하는 모델링 작업 데이터로 분석을 수행하여 타협적인 설계나 모델링 오류가 없음을 확인했다. 이 특정 모델 검사 도구의 목적은 설계 오류를 식별하고 설계 모델이 품질 및 구조 안전 측면에서 법규 및 사용자 지정 규칙을 준수하는지 여부를 분석하는 것이다. 이러한 도구로 식별된 문제점은 모델링 소프트웨어의 한계(예: 소프트웨어 라이브러리에 단열재 또는 말뚝 개체가 존재하지 않았기 때문에 벽면 객체로 모델링 된 단열재 및 콘크리트 기둥으로 모델링 된 말뚝)로 인한 것이었으며, 이에 따라 프로젝트 1의 모델이 추가 분석에 유효하다고 주장하게 되었다. 프로젝트 1은 필요한 LOD에 대해 모델링해야 하는 객체의 수와 해당 LOD의 구성 요소를 모델링 하는 데 필요한 시간을 기준으로 분석하는 데 사용되었다.

3.2.2 프로젝트 2

프로젝트 2는 두 개의 아카데믹 건축물과 150개의 공간이 있는 지하 차고로 구성되어 있다. 이 두 건물은 약 21만ft^2(약 12,500m^2) 면적을 포함하고 있다. 총 프로젝트 비용은 미화 9,700만 달러였으며, 건설 비용은 7,200만 달러로 추산되었다. 프로젝트 2의 공사는 2009년에 완료되었다.

이 사례 연구 프로젝트는 많은 GC가 시범 프로젝트에서 BIM을 구현하기 시작하여 미국에서 BIM이 널리 시행되기 시작한 첫 10년 사이에 시작되었다. GC는 사내 BIM 경험이 없었기 때문에 설계자가 제공한 2D 도면과 사양을 기반으로 프로젝트 빌딩 정보 모델을 개발하기 위해 제3자를 고용했다. 이상적으로는 초기 설계 단계부터 설계팀이 모델을 개발 및 발전시켜 프로젝트를 보다 잘 이해하고 가상현실처럼 구축할 수 있도록 해야 했지만, 그러나 프로젝트 2에서 수행한 접근 방식은 데이터를 재입력하는 것이었다.

타사의 모델링 담당자는 85%의 완전한 2D 건축, 구조, 기계, 전기, 배관 및 화재 방지(MEPF) 도면으로부터 빌딩 정보 모델의 첫 번째 버전을 제공했다. MEPF 도면에는 1.5인치보다 큰 모든 요소가 포함되었다. 건물의 지하 차고 건설이 수행되고 있을 때, GC는 100% 완전한 도면에 기초한 새로운 건물 정보 모델을 받았다. 이때까지 난방, 배관, 화재 안전, 전기 및 판금 협력업체들은 매주 조정 회의를 시작했다. 협력업체는 건물 정보 모델을 보유하고 있었지만 대부분의 협력업체가 이 연구가 수행될 당시 3D로 설계하지 않았기 때문에 2D 도면을 라이트 테이블에 겹쳐보기 하여 설계를 조정하기로 결정했다. 더욱이, 협력업체들은 자신들의 계약에 BIM 요구사항이 없다고 주장했다. 결국 모든 설계조정은 2D 도면 작업으로 수행되었다. 이용 가능한 MEPF 모델이 있을 때 협력업체가 2D로 조정하려고 했다는 사실이 Leite 등(2011)의 주요 연구 동기 중 하나가 되었다. 이는 MEPF 설계 조정을 위한 건물 정보 모델에서 필요한 LOD를 조사하기 위한 것이었다. Leite 등(2011)의 연구는 실제 프로젝트에서 BIM 기반 설계 조정과 2D 기반 설계 조정의 성과를 비교할 수 있는 몇 안 되는 연구 중 하나라는 점에서 독특하다.

GC는 또한 건물 정보 모델을 외장재 시공사에 제공했다. 이들은 모델의 LOD가 건물 표면의 시공성을 분석하기에 충분하지 않다고 결론을 내렸다. GC가 이 협력업체에 제공한 모델의 LOD에는 적절한 연결구성이 나타나지 않았다. 외장재 시공사에 따르면, 이러한 연결은 외장재에 많은 특별한 레이어가 있고 이 프로젝트에 다양한 창문이 있다는 점을 고려할 때 스킨을 어떻게 구축할 것인지를 평가하는 데 필수적이었다.

따라서 프로젝트 2는 두 가지 뚜렷한 분석을 진행하도록 했다. 첫 번째는 모델링해야 할 객체의 수와 다양한 LOD에서 구성 요소를 모델링하기 위한 관련 시간을 토대로 한 모델링 작업과 관련이 있었다. 연구팀은 비교 가능한 모델링 시간을 확보하기 위해 외장재 시공사가 지정한 요건에 따라 프로젝트 2의 외장재 부분에 대한 두 가지 모델, 즉 타사 모델에 있는 원래 LOD와 제조 LOD에 있는 모델을 개발했다. 두 번째 분석은 건물 정보 모델을 사용하여 자동 간섭 체크를 수행하고 수동 간섭 체크(즉, 2D 도면 겹쳐보기를 사용한 조명 테이블 사용)를 통해 감지된 간섭의 정확성과 포괄성의 차이를 찾아내는 것이었다. 자동 간섭 탐지는 연구팀이 수행하였고, 수동 조정은 프로젝트 협력업체가 1명의 연구원이 참석한 가운데 진행하였으며, 이들은 조정 회의 중 확인된 간섭에 대한 데이터를 수집하였다.

3.2.3 수행한 분석의 설명

위에 설명한 두 프로젝트와 관련된 모델링 진행 분석을 위해, 세 명의 연구자가 프로젝트 1의 코어와 쉘을 모델링했고, 학부 연구 보조자가 프로젝트 2 섹션의 외장재를 모델링했다. 이 모델러들은 모두 각자 사용 중인 모델링 환경에 능숙했다. 여러 LOD와의 간섭 탐지의 정확성을 평가하기 위해 연구팀은 수동 조정 프로세스(협력업체들에 의한 라이트 테이블의 2D 도면 겹쳐보기 검토)와 프로젝트 2의 건물 정보 모델을 사용한 자동 간섭 탐지 프로세스에서 확인된 간섭 유형을 비교했다. 다음의 내용에서는 각 분석이 수행된 방법을 자세히 설명하겠다.

3.2.3.1 특정 LOD에 대한 빌딩 정보 모델 모델링에 필요한 노력 분석

연구팀은 여러 LOD에서 모델링에 필요한 노력(즉, 모델링된 객체의 수와 시간)을 분석하기 위해 프로젝트 1의 코어 및 쉘 모델과 프로젝트 2의 외장재 일부 모델을 개발했다. 모델링하는 동안 각 구성 요소 유형을 모델링하는 데 소요된 시간이 기록되었다. 또한, 두 가지 버전의 모델(두 개의 서로 다른 LOD)에서 개체의 수가 기록되었다.

프로젝트 1의 경우 프로젝트의 모델링 섹션에는 구조적 요소, 기초, 지붕 및 외장재가 포함되었다. 이들 각각에 대해 정밀 LOD와 조립 LOD의 두 가지 버전이 모델링 되었다. 두 LOD의 모델 간 차이는 복합 벽돌 베니어 요소를 단일 구성 요소(정밀 LOD)로 모델링하는 것과 단열재 및 금속 스터드를 건물의 외장재를 나타내는 별도의 구성 요소(제조 LOD)로 모델링하는 것이다.

프로젝트 2의 경우 조립 LOD 모델에는 프로젝트 2의 외장재 부분의 모든 연결이 포함되어 있어 하청업체가 건물의 외피를 만드는 방법을 연구할 수 있었다. 이 모델은 나중에 현장에서 외장재의 실물 크기의 프로토타입을 만드는 데 사용되었다. 제작 LOD 모델은 프로젝트 2의 빌딩 정보 모델의 전체 버전과 동일한 LOD를 가진 정밀한 기하학 모델과 비교되었다(제3자가 개발함).

3.2.3.2 모델 LOD가 해당 의사결정 과제에 미치는 영향 분석

이러한 분석은 빌딩 정보 모델과 수동 간섭 체크(즉, 2D 도면 겹쳐보기를 사용한 라이트 테이블)를 사용하여 자동 간섭 체크를 수행함으로써 감지된 간섭의 정확성과 포괄성의 차이를 중점적으로 분석했다. BIM 기반 간섭 감지는 연구팀이 수행했으며, 2D 기반 설계 조정은 프로젝트 협력업체가 조정 회의 중에 식별된 간섭에 대한 데이터를 수집하여 수행했다.

모델의 LOD가 모델 지원에 필요한 해당 결정에 미치는 영향을 분석하기 위해, MEPF 설계 조정에서 간섭을 식별하기 위한 정밀도와 회수율 연구가 수행되었다. 본 연구는 수동 2D 및 자동 BIM 기반 프로세스를 비교하는 것을 목적으로 한다.

5개월 동안 연구팀 구성원 중 한 명이 프로젝트 2 주간 조정 회의에 참석했다. 이러한 회의에서 5가지 유형의 협력업체(덕트/HVAC, 전기, 배관, 방화 및 난방)는 프로젝트의 각 층과 섹션(평면이 6개 섹션으로 분할됨)당 2인 1조로 도면을 라이트 테이블에 중첩했다.

연구자는 각 반복에 대해 두개의 협력업체들과 이들의 정보 교환(즉, 덕트 표면과 천장 표면 사이의 간격과 같은 협력업체 간의 정보 요청)에 의해 확인된 간섭 횟수에 대한 데이터를 수집했다. 이러한 정보 교환은 수동으로 식별된 간섭도 자동으로 식별할 수 있도록 제조 LOD 모델에서 모델링해야 하는 객체를 식별하는 데 사용되었다. 그러한 세부 구성 요소의 예로는 케이블 트레이, 행어 및 파이프 주변의 절연재가 있다.

연구자가 주간 MEPF 조정 회의에 참석하면서 이 두 층에 대한 데이터를 수집했기 때문에 본 연구의 목적을 위해 프로젝트 2의 1층과 2층에 대한 데이터를 사용했다. 건물 정보 모델에는 건축, 구조, 덕트 구조, 전기, 배관 및 화재 보호 전문 분야를 나타내는 객체들이 포함되어 있다. 건물 정보 모델에 나타나지 않은 유일한 분야는 난방이었으며, 이는 분석에 이용할 수 없는(NA) 것으로 반영되었다

연구팀은 조정회의와 자동간섭체크를 통해 발견된 간섭 횟수를 비교한 후 두 공정에서 확인된 간섭의 정밀도와 회수율을 분석하고 모델링된 객체와 모델링되지 않은 객체를 추적해 정밀도와 리콜 값에 영향을 미치는지 분석했다. 정밀도와 리콜 값은 정보 검색 영역의 다음 공식을 기반으로 계산되었다(Rijsbergen, 1979).

$$\text{Precision} = \frac{\text{Relevant Clashes} \wedge \text{Retrieved Clashes}}{\text{Retrieved Clashes}}$$

$$\text{Recall} = \frac{\text{Relevant Clashes} \wedge \text{Retrieved Clashes}}{\text{Relevant Clasnes}}$$

공식에서 관련 충돌(즉, 식별해야 할 실제 충돌)은 진정한 긍정(즉, 충돌로 식별되고 실제로 충돌)과 거짓 부정(즉, 실제로 충돌이지만 식별되지는 않음)의 합계이다. 검색된 충돌은 참 긍정 또는 거짓 긍정(즉, 충돌로 식별되지만 실제 충돌은 아님)일 수 있다. 거짓 양의 예는 그림 3.1에 나와 있다.

협력업체가 수동으로 간섭 탐지를 수행하고 있었기 때문에 설계 조정 회의에서 누락한 거짓 부정도 지적되었다. 다시 말해 1(또는 100%)의 정밀도는 발견되었어야 할 모든 간섭이 실제로 발견되었음을 나타내는 것은 아니지만 검색된 모든 간섭이 참 긍정임을 의미한다. 높은 정밀도는 단순히 발견된 모든 간섭이 진정하게 긍정적이라는 것을 의미한다. 호출 1(또는 100%)은 모든 가능한 간섭이 검색됨을 의미하지만, 검색된 모든 간섭이 참 긍정임을 의미하지는 않는다. 높은 회수율에서는 Figure 3.1에 나타낸 바와 같이 거짓 긍정과 같은 노이즈와 함께 모든 가능한 간섭이 검색된다.

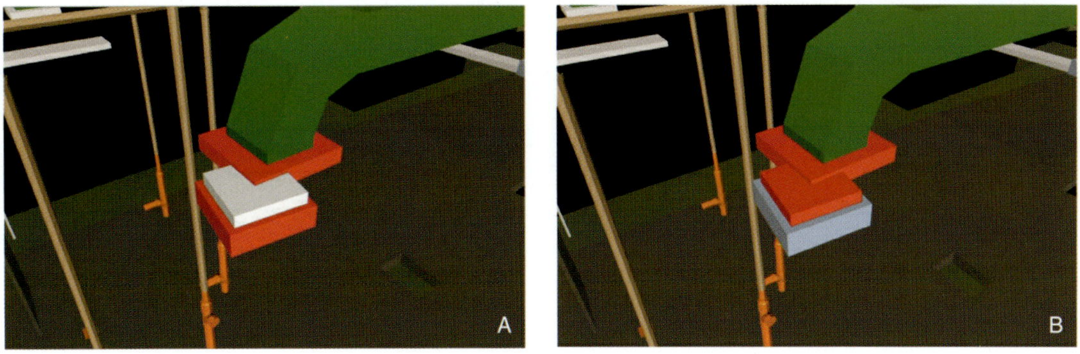

Figure 3.1 자동충돌감지를 위한 거짓 긍정의 사례: (A)와 (B)에서 HVAC 디퓨저와 조명간의 충돌. (A)같은 두 객체의 첫번째 충돌 사례는 참 긍정으로 판단됨: (B)동일한 충돌의 반복은 실제의 추가 충돌이 아닌 경우 거짓 긍정으로 판단됨.

3.2.4 Leite 등(2011) LOD 연구 결과

본 연구에 사용된 프로젝트에는 설계와 시공에 있어 서로 다른 목적을 위해 서로 다른 LOD에서 다른 구성요소를 모델링하는 그림이 포함되었다. 연구대상의 LOD는 대략적인 기하학, 정밀한 기하학 및 제작이었다. Table 3.2는 프로젝트 2에 근거한 예를 보여준다. 이 예에서는 외장재의 한 섹션에 대한 세 개의 LOD 각각에 있는 구성 요소를 보여준다. Table 3.2는 또한 세 개의 LOD에서 모델링된 구성 요소에 대해 표현되어야 하는 의미론과 각 LOD가 사용하기에 적합한 구체적인 목적을 설명한다. Table 3.2에서 나타난 LOD는 BIM 포럼(2013)의 LOD를 기반으로 한다.

Table 3.2의 예에서 LOD 200(약식 기하학)의 모델은 일반적인 벽 요소로 구성되었다. LOD 300(정밀 기하학)의 경우, 모델에는 창과 커튼월(curtain wall)이 포함되어 총 12개의 객체가 생성되었다. 마지막으로, LOD 400(제조 기하학)의 경우, 모델에는 금속 스터드, 내부 석고, 목재 프레임, Z 채널, 연질 단열재, 경질 단열재, 햇 채널, 플래싱, 시멘트/알루미늄 패널, 아연 시트, 아연 창 마감, 창호, 커튼월이 포함되어 총 240개의 객체가 생성되었다.

모델링 작업 분석을 위해 각 프로젝트에서 두 개의 LOD(LOD 300 및 400)를 비교했다. 프로젝트 1의 경우 모델링된 요소가 다양하기 때문에 프로젝트의 각 섹션에 있는 모든 연결부가 모델링된 것은 아니다. 이 프로젝트에서는 프로젝트 관리자가 LOD 수준을 결정한 것이다. Table 3.3은 프로젝트 1과 2의 연구 섹션에 대해 각 LOD에서 모델링된 요소를 보여준다.

의사결정 과제에서 LOD 사용의 영향을 측정하기 위해, 프로젝트 2의 정확한 기하학적 모델을 사용했는데, 여기에는 분석에 사용된 MEPF 객체가 포함되었으며 이는 제3자에 의해 모델링 되었다.

3.2.4.1 요청 LOD에서 빌딩 정보 모델을 생성하기 위한 작업들의 분석

요청 LOD에서 건물 정보 모델을 생성하는 분석을 위해 연구팀은 객체 수와 특정 구성 요소를 모델

Table 3.2 프로젝트 2의 외장재를 위한 세가지 LOD 모델의 차이점에 대한 사례

	LOD 200	LOD 300	LOD 400
요구되는 문법	개략적인 일반 / 추상 객체	개략적 형태+정확한 형태, 지정된 객체와 속성, 다른 객체와의 관계, 정확한 위치	정밀한 형태+연결 디테일, 객체, 구성 스펙 등
해당 LOD의 사용처	시각화, 개념적 가격 견적	디테일한 가격 견적, 스케줄링/단계: 충돌 감지, 디자인 확인, 에너지 시뮬레이션	충돌 감지, 구성
외장재 사례를 위한 3D 요소	일반 벽제	개략 형태+창, 커튼월	정밀한 형태+금속 스터드, 석고보드, 나무 프레임, z-채널, 단열재, 플래싱, 판넬, 아연판, 유리창 프레임, 창, 커튼월
모델 요소를 위한 문법	개략적인 벽의 배치	정밀한 형태와 위치: 벽, 슬라브, 창, 커튼월 등의 재료: 위상적 객체연결 관계	나열된 요소들의 정밀한 두께, 높이, 길이, 재료, 위치, 용접 크기 등
스크린샷			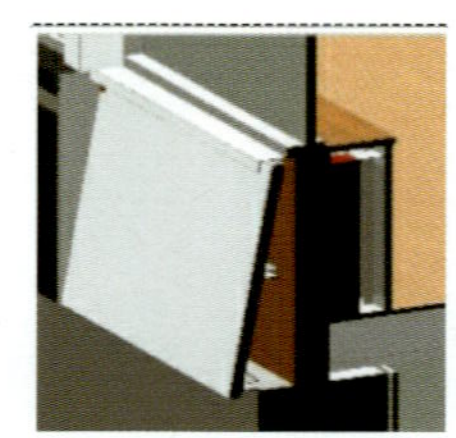
모델링 객제의 숫자	01	12	240

링하는 데 필요한 시간을 측정 매개 변수로 사용했다. Table 3.3은 두 프로젝트에서 건물 정보 모델의 여러 구성 요소를 모델링하는 데 소요된 객체 수와 시간을 보여준다. 두 개의 다른 LOD로 구성 요소를 모델링하는 데 필요한 작업 간의 차이를 비교하기 위해 각 구성 요소에 대한 두 개의 다른 LOD에 대한 예가 제시되어 있다. 두 LOD에서 모델링 된 객체도 표에 열거되어 있다.

프로젝트 1의 경우 5개의 건물 부분(기초, 구조요소, 지붕, 커튼월, 벽돌벽)을 기준으로 비교를 하였으며, 이 부분들은 본 연구에서 가장 높은 LOD를 모델링하여 다양한 LOD 작업 요구 사항을 잘 표현하였다. 연구팀은 모델링을 하는 동안 각 구성 요소를 모델링하는 데 필요한 시간을 추적했으며, 모델링 후에는 각 구성 요소에 대해 모델에 표시된 개체를 세었다. 모든 대표 구성 요소의 결과는 LOD를 높이기 위해 필요한 객체의 수와 시간의 증가를 보여주었다. 프로젝트 1의 경우 모델 내 부품을 상세히 표현하기 위해 소요 시간이 약 2~4배 증가하였다. 지붕 요소의 모델링에서 객체 수가 가장 많이 증가했으며, 그 결과 난간, 스크린월, 튜브, 와이어 그물, 중공 구조 단면(HSS) 튜브, 연결부, 단열재, 모서리, 덮개 및 합판을 지붕 데크에 추가하여 16배가 증가되었다. 마찬가지로 커튼월 모델링은 창문, 문, 외피 등을 나타내기 위해 10배의 요소가 더 필요했다. 또 다른 중요한 관찰 사항은 객체 수와 소요 시간의 증가가 각 구성 요소 유형의 LOD 증가에 비례하지 않는다는 점이다. 예를 들면 벽돌 베니어 구성 요소의 개체 수가 4배 증가하려면 시간이 4배 증가해야 했지만 루프 구성 요소의 개체 수가 16배 증가하면 모델링 시간이 3배 증가하는 데 그쳤다. Table 3.3에서 관찰된 결과를 바탕으로 연구팀은 서로 다른 LOD에서 객체 당 소요되는 시간의 추세를 파악할 수는 없었지만, LOD의 증가는 객체 당 소요되는 시간이 대부분 적다는 것을 명시할 수 있다. 이러한 경향이 없어진 것은 이전에 생성된 요소를 복제하거나 동시에 엄청난 수의 객체를 생성할 수 있도록 지원하는 BIM 도구의 모델링 기능 때문일 수도 있다.

프로젝트 2에서 연구팀은 건물의 동일한 부분에 대한 두 가지 버전을 서로 다른 용도로 모델링하여 비교했다. 시각화 목적으로 제작된 정확한 LOD 모델로 구성된 첫 번째 버전은 프로젝트 엔지니어가 제공한 2D 도면을 이해하는 데 걸리는 시간을 포함하여 모델링에 3시간이 걸렸다. 이 버전에는 벽, 슬라브 및 창을 포함한 총 12개의 객체가 포함되어 있으며 단일 객체로 모델링 되었다. 이 모델의 제작 LOD 버전은 주로 외부 협력업체가 연결을 연구하기 위해 제작되었고 전체 모델링에 34시간이 걸렸다(정밀 LOD 모델의 11.3배). 이 버전에는 벽, 슬라브 및 창의 부품과 연결을 포함하여 총 240개의 개체가 포함되어 있다. 프로젝트 1에서 관찰한 바에 따르면, 프로젝트 2의 결과는 또한 LOD의 증가로 인해 객체당 모델링 시간이 단축된다는 것을 보여준다.

두 프로젝트 모두 결과는 LOD 300에서 400으로 전환할 때 총 모델링 시간이 2배에서 11배 정도 증가했음을 보여준다. 한 LOD에서 다른 LOD로 객체당 모델링 시간을 비교할 때 속도는 0.2(모델링 시간 감소)에서 1.56(모델링 시간 증가) 사이였다. 또한 모델링 된 객체의 수와 모델링 시간의 증

Table 3.3 다른 LOD에서 요구되는 모델링 작업

	프로젝트 상세 수준(LOD)		BIM개발의 목적	모델링 시간	객체수	스크린샷	단일객체의 모델링 시간	시간증가율	객체당시간 증가율	객체들의 증가율
프로젝트1: 상업용 건물	벽돌 베니어판	300(벽돌벽)	시각화	4.4	401		0.011	43	1.0	4.1
		400(+금속 스터드, 단열재)	수직 정력	18.7	1634		0.011			
	지붕	300(데크, 분리될 경우)	시각화	14.1	26		0.542	3.1	0.20	16.1
		400(+파라펫, 스클린, 와이어메시, 연결, 단열재, 돌림띠, 합판)	수직 정렬	44.3	418		0.106			
	커튼월	300(일반적인 디테일)	시각화	13.5	52		0.260	3.7	0.70	5.3
		400(+문, 일반적인 클레딩)	시각화	50.5	276		0.183			
	기초	300(일반적인 지정, 파일)	시각화	6	94		0.064	2.7	0.67	4
		400(+일반적인 지중보, 지정)	디자인 점검	16	373		0.043			
프로젝트2: 아카데믹 건물	주요 구조	300(철제 기둥, 보)	디자인 점검	29.5	927	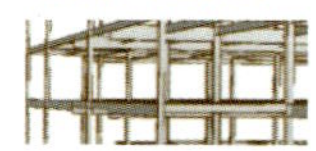	0.032	2.1	1.56	1.3
		400(+기울어진 지붕 보)	디자인 점검	62	1233	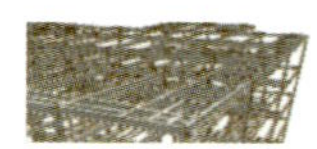	0.05			
	외장재	300(창, 커튼월)	시각화	3	12		0.25	11.300	0.57	20
		400(+금속 스터드, 패널, 틀, 채널, 단열재)	기성품 디자인 점검(연결 검토)	34	240	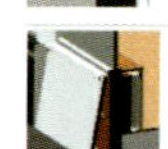	0.142			

가는 LOD 증가에 비례하지 않으며, 다양한 유형의 구성 요소 간에 LOD를 추가하는 데 소요되는 시간의 일반적인 증가 추세는 없다. 게다가 두 프로젝트의 결과는 LOD가 증가함에 따라 객체당 모델링 시간이 감소하며, 이러한 감소 시간은 구성 요소마다 다르다는 것을 보여준다. 따라서, 본 연구는 모델에서 더 많은 디테일이 반드시 비례적으로 더 많은 모델링 노력을 의미하는 것은 아니라는 것을 보여주었다.

여기에서 Leite 등 연구진(2011)은 프로젝트 1과 2의 모델이 동일한 소프트웨어 시스템에서 개발되었음을 확인했고, 이 때문에 별도의 소프트웨어 편향은 이 연구에서 평가되지 않았다.

3.2.4.2 모델의 LOD가 의사결정 지원에 미치는 영향 분석

이 분석은 프로젝트의 다양한 측면을 분석함에 있어 모델의 LOD의 영향을 식별하는 것이 목적이었기 때문에 이에 따른 작업 분석을 보완하였다. 다시 말해, 연구팀은 특정 분석의 정밀도와 포괄성 측면에서 건물 정보 모델의 LOD 영향을 확인하였다. 특히, 연구팀은 수동 2D 프로세스(수동 조정을 수행하는 동안 전문 지식을 활용함)와 간섭 탐지를 위한 자동 BIM 기반 프로세스(정밀한 LOD 모델 사용)를 비교하여 MEPF 설계 조정을 지원하기 위한 간섭 식별 시 정밀도와 리콜에 대한 연구를 수행했다.

조정 회의(2D 기반)와 자동 BIM 기반 간섭 탐지를 사용하는 동안 서로 다른 두 개의 작업 간의 간섭을 비교한 결과가 Table 3.4에 나와 있다. 이 Table는 두 개 협력업체에 의해 수동 프로세스(테이블의 2D)와 자동 프로세스(테이블의 3D)에서 식별된 간섭 횟수를 보여준다. 난방 분야는 건물 정보 모델에서 모델링 되지 않았다. 따라서 셀의 '사용 불가(NA)' 값은 난방 분야를 위한 자동 BIM 기반 간섭 체크와 관련이 있다. 이 표에서 관찰된 바와 같이, 수동 2D 기반 프로세스의 간섭 횟수는 자동 BIM 기반 접근 방식의 횟수보다 훨씬 적다. 수동 프로세스와 자동 프로세스의 카운트 차이는 조정 회의에서 누락된 간섭으로로 해석될 수 있다. 그러나 자동 프로세스에서 식별된 간섭이 참 긍정(모델에서 확인된 간섭 실제 현장에서 간섭됨)이라는 것을 확인할 수 없다는 점을 고려할 때 이는 너무 순수한 결론으로 보인다.

Table 3.4 협력업체 간의 간섭 횟수

	덕트		전기		난방		배관		소방	
	2D	3D	2D	3D	2D	3D	2D	3D	2D	3D
덕트			10	44	0	NA	1	70	6	73
전기					0	NA	4	3	3	6
난방							0	NA	4	NA
배관									3	25
소방										

2D = 라이트 테이블에서 2D도면을 이용한 설계조정 미팅들 , 3D = 자동 BIM 간섭체크에 따른 숫자

또한 계수의 차이를 비교하는 것만으로 한 공정이 다른 공정보다 더 철저할 필요는 없다. 이러한 이유로 연구팀은 두 공정의 정밀도와 리콜을 평가하였다. 정밀도는 검출된 총 간섭 횟수의 진정한 양의 비율이다. 리콜은 식별될 간섭 횟수에 대한 양의 실제 백분율이다. 정밀도와 리콜 사이에는 역관계가 있는 경우가 많으며, 이 경우 다른 정밀도를 줄이는 대가로 하나를 증가시킬 수 있다. 예를 들어 자동 간섭 체크 시스템은 더 많은 간섭을 감지하여 리콜 속도를 높이고 검색되는 관련 없는 간섭 거짓 긍정)의 수를 늘려 정밀도를 낮출 수 있다. 따라서 정밀도는 확인된 간섭의 정확도 또는 충실도를 측정하는 반면 리콜은 완전성을 측정할 수 있다.

Table 3.5는 프로젝트 2에 대한 2D 기반 및 BIM 기반 간섭 체크 접근법에서 발견된 모든 간섭 사례의 리콜과 정밀도를 보여준다. 그러한 사례들은 덕트와 전기, 덕트와 배관, 전기 및 배관, 전기 및 화재 보호, 배관 및 화재 보호 협력업체 간의 조정 문제를 포착했다. Table 3.5는 또한 이러한 두개 협력업체 간의 모든 가능한 간섭을 포착하기 위해 모델링 되어야 하는 대상들을 강조한다. 건물 정보 모델에서 모델링 되지 않고 조정 회의에서 간섭을 일으키는 것으로 확인된 객체의 예는 케이블 트레이이다.

Table 3.5와 같이 일반적으로 자동 3D 기반 간섭 체크 접근법에는 높은 리콜과 낮은 정밀도가 있으며 수동 2D 기반 접근법에는 낮은 리콜과 높은 정밀도가 있다. 자동 간섭 탐지의 낮은 정밀도는 건물 정보 모델의 LOD 때문이다. 일부 객체는 모델링 되지 않았으며(예: 케이블 트레이), 따라서 이와 관련된 간섭은 감지되지 않았다(예: 거짓 음성). 게다가 다른 객체들은 여러 조각으로 모델링 되었고, 이로 인해 실제로 단 한 번의 간섭만 있었던 것과 관련된 여러 간섭이 감지되었다.

앞서 언급한 바와 같이, 자동 간섭 체크 프로세스는 더 많은 간섭을 검색함으로써 리콜을 증가시켰으며, 리콜되는 관련 없는 간섭의 수가 증가하고 (즉, 거짓 긍정) 결과적으로 정밀도가 저하되었다.

Table 3.5 모든 간섭에서 요구되는 리콜, 정밀도, 객체들. 1,2층의 자동 및 수동 프로세스에서 나타난 간섭 검토를 기준으로 함.

협력업체간의 작업		2D(조정 회의)	3D(자동 간섭체크)	모든 간섭에 나타난 객체
덕트와 전기	회수 정밀도	10/18=0.56 10/10=1.00	11/18=0.61 11/44=0.25	조명, 덕트, 케이블트레이, 지지대
덕트와 배관	회수 정밀도	1/11=0.99 1/1=1.00	11/11=1.00 11/70=0.16	배관, 덕트, 지지대
덕트와 소방	회수 정밀도	6/9=0.67 6/6=1.00	8/9=0.89 8/73=0.11	덕트, 스프링클러, 지지대
전기와 배관	회수 정밀도	4/6=0.67 4/4=1.00	2/6=0.33 2/3=0.66	조명, 배관
전기와 소방	회수 정밀도	3/4=0.75 3/3=1.00	2/4=0.50 2/6=0.33	조명, 소방배관
배관과 소방	회수 정밀도	3/7=0.43 3/3=1.00	7/7=1.00 7/25=0.28	배관, 소방 배관

즉, 자동 간섭 체크는 이 작업을 수동으로 수행하는 협력업체가 놓친 여러 간섭을 식별했다. 반면에 수동 2D 기반 간섭 체크 접근방식은 간섭 객체(예: 케이블 트레이)가 건물 정보 모델에서 모델링되지 않았기 때문에 자동 3D 기반 간섭 체크로는 발견할 수 없는 간섭을 식별했다. 각 인스턴스를 상세하게 분석할 때 데이터 노이즈(즉, 거짓 긍정)가 자동 프로세스의 정밀도를 낮추지만, 자동 프로세스의 정밀도를 낮추는 것은 처음 볼 때는 직관적이지 않은 것으로 보인다. Table 3.5의 가치는 모델의 객체가 필요한 LOD에 있지 않거나 아예 없을 경우 자동 간섭 체크가 결과를 정리하는 추가 작업으로 이어지며 거짓 부정(예: 케이블 트레이 및 행어는 모델링 되지 않음)으로 인해 현장에서 간섭이 발생할 위험이 있다는 관측에 있다.

프로젝트 2의 정밀도 및 리콜 값을 통해 연구팀은 정확한 LOD에서 BIM을 사용하는 자동 프로세스가 지속적으로 더 높은 리콜과 함께 많은 거짓 긍정 요소를 처리해야 하는 대가를 치르고 간섭을 보다 완벽하게 식별하는 것을 관찰했다. 반면, 수동 공정은 더 높은 정밀도를 보였다. 그럼에도 불구하고, 현장에서 감지된 간섭에 대처하는 것이 가상의 거짓 긍정적 간섭보다 더 많은 비용이 든다. 따라서 MEPF 조정을 위해 정밀도보다 리콜이 바람직하다.

3.3 Leite et al.(2011) LOD 연구 결과

빌딩 정보 모델을 활용함으로써 얻을 수 있는 잠재적인 이점에 대해서는 많이 언급되고 있지만, 여러 LOD에서 모델을 생성하는 것과 관련된 모델링 작업과 LOD가 프로젝트에 미치는 영향에 대한 연구는 많지 않다. Leite 등 연구진(2011)은 모델의 디테일이 반드시 더 많은 모델링 작업을 의미하는 것은 아니며, 이러한 추가 작업으로 인해 정밀도가 높아져 설계 및 시공 시 의사결정 지원이 강화될 수 있다는 것을 보여주었다. 그 결과 모델링 작업 분석의 경우 한 LOD에서 다른 LOD로 전환할 때 총 모델링 시간이 2배에서 11배까지 증가했다. 한 LOD에서 다른 LOD로 객체당 모델링 시간을 비교할 때 속도는 0.2(모델링 시간 감소)에서 1.56(모델링 시간 증가) 사이였다.

MEPF 조정 문제의 경우 BIM 기반 접근 방식은 높은 리콜로 인해 현장에서 감지될 수 있는 간섭을 줄이는 데 더 큰 영향을 미칠 수 있다. 그럼에도 불구하고, 주어진 작업에 대해 선택된 LOD는 LOD의 이점뿐만 아니라 앞서 언급한 영향들을 고려하여 사용 목적에 따라 결정되어야 한다.

Leite et al.(2011)에 제시된 결과는 두 개의 비정형 프로젝트를 활용하여 나타났다. 프로젝트 유형 및 소프트웨어 선택 항목은 업계에서 널리 사용되며 대표적인 세트로 간주할 수 있다. 그러나 프로젝트 1과 2의 모델은 동일한 소프트웨어 시스템에서 개발되었다는 점을 인정해야 한다. 따라서, 소프트웨어 편향은 이 연구에서 평가되지 않았고 미래 연구로 제안되고 있다.

본 책는 모델링 작업과 BIM에서 다양한 LOD의 영향에 대한 분석을 제시했지만, 여전히 다양한 설계 및 건설 활동에 대한 다양한 이해 관계자들의 BIM LOD 요구 사항을 조사할 필요가 있다. 이러한 요구 사항은 특정 작업과 더 관련이 있는 매트릭스를 결정할 수 있다. 따라서, 다양한 설계 및 건설 활동을 지원하는 데 사용할 LOD의 보다 객관적인 결정을 추진해야 한다. 또한, 각 세부 수준에서 모델링 작업 차이를 추가로 평가하기 위해 서로 다른 경험 레벨의 소프트웨어 시스템과 모델링 작업자를 이용하여 LOD 평가를 위한 대규모 사례 연구 세트를 개발할 필요가 있다. Leite et al.(2011)의 결과는 제품 개발 프로세스에 완전히 통합되지 않은 BIM을 기반으로 한다(예: Project 1은 연구팀이 모델링하고 Project 2는 타사 모델이 모델링). 제품 개발 프로세스의 필수적인 부분으로 개발되고 팀 간의 협업으로 증강된 모델은 훨씬 더 전도유망한 결과를 가져올 수 있을 것으로 예상된다. 따라서, BIM을 프로젝트 라이프 사이클에 통합한다는 측면에서 개선할 수 있는 많은 기회가 있다.

Table 3.6 LOD 정의와 사례

LOD	정의	사례
100	모델 요소는 기호 또는 기타 일반적인 표현으로 모델에 그래픽으로 표현될 수 있지만 LOD 200에 대한 요구 사항을 충족하지는 못한다. 모델 요소와 관련된 정보(즉, 평방피트당 비용, HVAC 등의 톤수)는 다른 모델 요소로부터 유도할 수 있다.	
200	모델 요소는 모델 내에서 일반적인 시스템 객체 또는 대략적인 수량, 크기, 모양, 위치 및 방향 등 그래픽으로 표현된다. 비그래픽 정보를 모델 요소에 첨부할 수도 있다.	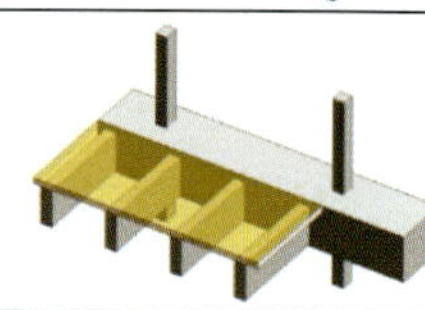
300	모델 요소는 수량, 크기 측면에서 특정 시스템, 객체 또는 조립품으로 모델 내에서 그래픽으로 표현된다. 모양, 위치 및 오리엔테이션 등 비그래픽 정보를 모델 요소에 첨부할 수도 있다.	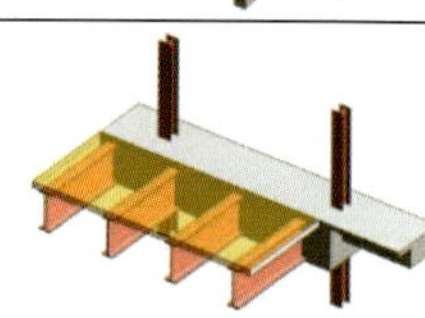
350	모델 요소는 수량, 크기, 모양, 방향 및 조합 측면에서 특정 시스템, 객체 또는 어셈블리로 모델 내에서 그래픽으로 표현된다. 다른 건물 시스템과의 인터페이스, 비그래픽 정보를 모델 요소에 첨부할 수도 있다.	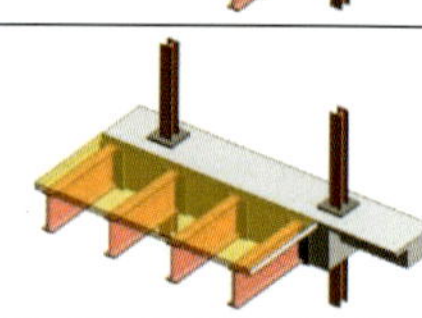
400	모델 요소는 크기, 모양, 위치, 수량 및 방향 측면에서 모델 내에서 상세, 제작, 조립 및 설치 정보와 함께 특정 시스템, 객체 또는 어셈블리로 그래픽으로 표현된다. 비그래픽 정보를 모델 요소에 첨부할 수도 있다.	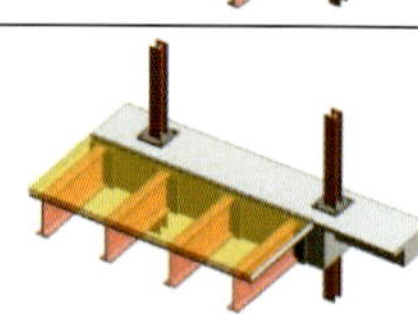
500	모델 요소는 크기, 모양, 위치, 수량 및 방향 측면에서 현장에서 검증된 표현이어야 한다. 비그래픽 정보를 모델 요소에 첨부할 수도 있다.	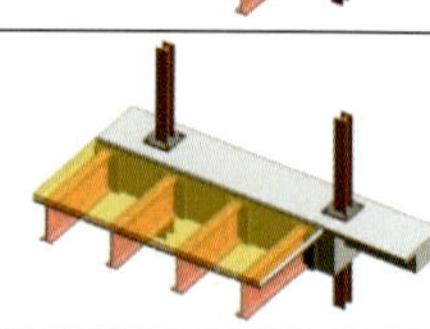

NOTE: LOD 100, 200, 300, 400 및 500 정의는 AIA(2013)에 의해 제작되었으며 미국건축학회(American Institute of Architects, NW, Washington)의 허가를 받아 사용한다. DC 20005. LOD 350 정의는 BIMForum(2013)에 의해 개발되었다.

3.4 모델 품질보증 지침

설계 조정 세션에 사용되는 모델인 통합 모델은 설계자와 협력업체가 만든 여러 모델로 구성된다. 기본 모델에는 건축 및 구조 모델이 포함된다. 그런 다음 각 협력업체는 각자의 작업 범위(예: 기계, 전기, 배관 또는 방화)에 대한 모델을 만든다. 이후 이러한 개별 모델은 GC의 BIM 관리자에게 보내지고 기본 모델과 모든 협력업체 모델이 포함된 통합 모델로 통합된다. 리콜 비율이 100%에 육박하기 위해서는 다음과 같은 모델링 지침이 제공된다. 즉, BIM 기반 설계 조정에서 발생할 수 있는 모든 실제 긍정적인 간섭이 발견될 수 있으며, 거짓 긍정(노이즈 등)을 최소화하고 정밀도를 높이기 위한 노력의 일환으로 다음과 같은 모델링 지침이 제공된다.

3.4.1 LOD 요구사항

기본 모델과 협력사 모델의 LOD는 기본적으로 다르다. 기본 모델은 보통 LOD 300을 사용하는 반면 협력사 모델은 LOD 350 또는 400을 사용한다. 이 때문에 연합모델은 다른 LOD의 다양한 형식으로 구성될 수 있다. LOD에 대한 정의와 사례는 Table 3.6에 표현되어 있다.

3.4.1.1 내부 조정

협력업체는 자신의 모델이 개별 작업 범위(분야별 조정)에 대해 간섭이 없고 기본 모델(즉, 구조 및 건축)과의 간섭이 없음을 검증해야 한다. 현 시점에서 확인된 간섭은 GC의 BIM 관리자에게 모델을 제출하기 전에 협력업체가 내부적으로 해결해야 한다.

3.4.1.2 중복 요소

협력업체는 자신의 모델에 모델링된 요소 또는 겹치는 요소의 중복이 포함되지 않도록 해야 한다. 이는 간섭 체크 프로세스에서 거짓 긍정으로 이어지며 이에 따른 정밀도를 감소시킨다.

3.4.1.3 모델 배치/위치

협력업체는 자신의 모델 요소가 올바른 위치에 있는지 확인해야 한다. BIM PxP에 원점이 설정되어야 하며, 모든 협력업체는 설정된 원점을 사용하여 모델을 3D 공간에 배치해야 한다. 이를 통해 정확한 위치 데이터를 모델에서 직접 파생할 수 있다.

3.4.1.4 파일 이름 지정

협력업체는 BIM PxP에 설정된 파일 명명 구조를 따라야 한다. 예를 들어, 파일 이름은 '건물 수준 – 건물 영역 – 분야 – 협력업체.xyz(LVL0–BC–MECH_D–POR.xyz)'로 포맷할 수 있다. Table 3.7은 주요 모델과 예에 대한 명명 규칙을 보여준다. 프로젝트 사양에 따라 많은 다른 모델(예: 내부 프레임 모델, 유리 모델, 통신 모델, 보안 및 접근 제어 모델)이 있을 수 있다.

Table 3.7 파일 이름 지정 구조의 예

Model scope	Naming convention
Architectural model	ARC–
Structural model	STRUCT–
Mechanical duct model	MECH_D–
Mechanical piping model	MECH_P–
Plumbing model	PLUMB–
Electrical model	ELEC–
Fire–protection model	FIRE_PR–

3.4.1.5 BIM 색 구성표

Autodesk Navisworks Management®의 모든 모델(또는 BIM 기반 설계 조정에 사용되는 소프트웨어)은 BIM PxP의 각 분야에 지정된 색상으로 변환해야 한다. Table 3.8은 통합 모델의 색상 구성 예를 제공한다.

Table 3.8 연합 모델 색 구성표의 예

Model scope		Color
Concrete model		Light Grey
Structural steel model		Maroon
HVAC ductwork model	Return air Supply air Exhaust	Pink Blue Yellow
HVAC Piping models	Chilled water supply Chilled water return Hot water supply Hot water return	Green Aqua Green Aqua
Plumbing models	Sanitary sewerage Water	Brown Lavender
Fire protection model		Red
Electrical model		Grey
Non-rated wal model		While
Rated wal model		Gold
Draywall framing model		Purple
Equipment clearances		Same color as related trade, with transparency

3.5 요약 및 논의 사항

이 챕터에서는 모델 품질과 LOD가 성공적인 BIM 설계 조정에 어떤 영향을 미칠 수 있는지를 설명하였다. Leite et al.(2011) 의 이전 연구 결과에 따르면 3D BIM 기반 설계 조정은 지속적으로 더 높은 리콜 비율을 보이며 거짓 긍정의 대가를 치르고 간섭을 보다 완벽하게 식별하는 결과를 낳았다. 리콜 비율이 100%에 육박하도록 하기 위해, 즉 BIM 기반 설계 조정에서 발생할 수 있는 모든 실제 현장에서 간섭이 발견될 수 있으며, 거짓 긍정(소음)을 최소화하고 정밀도를 높이기 위한 노력의 일환으로 모델링 가이드라인을 다음과 같이 제시하였다: LOD 요건, 내부 조정, 요소 중복, 모델의 배치 및 위치, 파일 이름 지정, BIM 색상표 등.

이 챕터를 읽은 후, 다음에 대해서 생각해 보시오.

1. 설계 조정에 사용되는 다양한 모델에서 LOD를 고려하는 것이 중요한 이유는 무엇인가?
2. 베이스 모델에서 일반적인 LOD는 무엇인가?
3. 협력사 모델에서 일반적인 LOD는 무엇인가?
4. 모델에서 거짓 긍정의 사례는 무엇인가?
5. 내부 조정이란 무엇이며, 협력사들이 이 과정을 수행하는 것이 왜 중요한가?

References

AIA. 2013. Document G-202-2013: Project Building Information Modeling Protocol Form. The American Institute of Architects. www.aia.org/contractdocs.

BIMForum. 2013. "Level of Development Specification for Building Information Models." https://bimforum.org/wp-content/uploads/2013/08/2013-LOD-Specification.pdf.

Borysawski, M. 2006. "Building Owners Driving BIM: the Letterman Digital Arts Center Story." Aecbytes(September 30).

Choi, J., F. Leite, and D. De Oliveira. 2018. "BIM Based Benchmarking System for Healthcare Projects: Feasibihty Study and Functional Requirements". Automation in Construction 96:262-279.https://doi.org/10.1016/j.autcon.2018.09.015.

Kaner, I., R. Sacks, W. Kassian. and T. Quitt. 2008. "Case Studies of BIM Adoption for Precast Concrete Design by M1d-S1zed Structural Engineering Firms." Journal of information Technology in Construction 13: 303-323.

Khanzode. A., M. Fischer, and D. Reed. 2008. "Benefits and Lessons Learned of Implementing Building Virtual Design and Construction (VDC) Technologies for Coordination of Mechanical. Electrical. and Plumbing(MEP) Systems on a Large Healthcare Project." Journal of Information Technology in Construction 13: 324-342.

Leite. F., A. Akcamete. B. Aki nci. G. Atasoy, and S. Kiztltas. 2011. "Analysis of Modeling Effort and Impact of Different evels of Detail in Building Information Models." Automation in Construction 20(5): 601-609. htlps://doi.org/10.1016/j.autcon.2010.11.027.

Manning. R., and J. Messner. 2008. "Case Studies in BIM Implementation for Programming of Healthcare Facilities." Journal of Information Technology m Construction 13: 446-457.

National Institute of Building Sciences. 2015. National Building Information Modeling Standard(NBIMS), Version 3. www.nationalbimstandard.org.

Rijsbergen. C.V. 1979. Information Retrieval(2nd ed.). London, Boston: Butterworth.

Staub-French, S., and A. Khanzode. 2007. "30 and 40 Modeling for Design and Construction Coordination: Issues and Lessons Learned." Journal of Information Technology in Construction 12: 381-407.

Chapter 4

성공적인 설계 조정 세션 수행

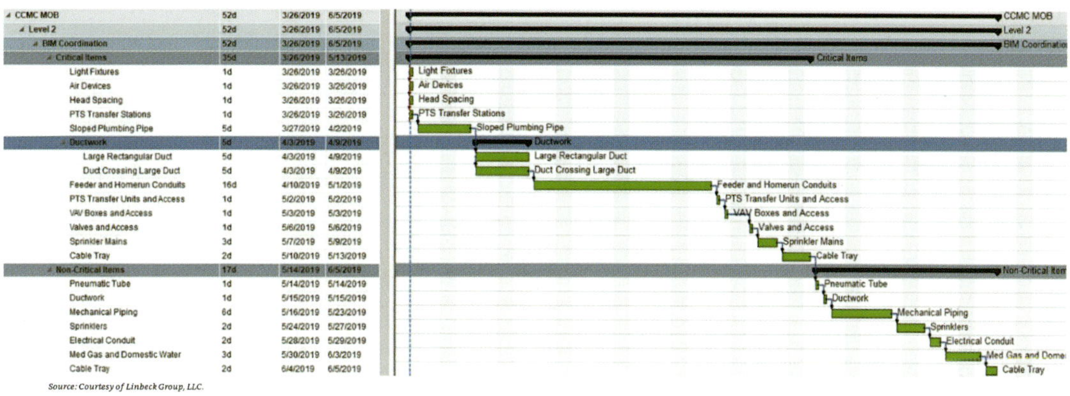

출처: Courtesy of Lmbeck Group, LLC.

4.0 개요

설계 조정에서 이루어지는 의사결정과 접근 방식은 주로 여러 분야의 전문가들이 보유한 지식과 전문지식에 따라 달라진다. BIM 관리자 또는 설계 조정 프로세스의 진행자는 일반적으로 시공사 또는 주 기계 건설업자를 대표하며 모델 수집, 시스템 간 간섭 식별, 확인된 간섭 해결 등의 작업들을 조율한다. 이 챕터에서는 효과적인 설계 조정자의 특성을 설명하고 3D 모델링, 내부 조정, 통합 모델 조립, 간섭 감지, 간섭 분류 및 그룹화, 설계 조정 회의를 비롯한 설계 조정 워크플로우를 설명한다.

4.1 소개

챕터 2에서 논의된 바와 같이 각 BIM 관련 역할은 BIM 프로젝트 시행 계획(PxP)에 규정되어 있으며, 일반적으로 시공사(GC)는 BIM 직원 중 적어도 한 명(BIM 관리자)이 설계 조정 모델을 유지해야 한다. BIM 관리자는 일반적으로 설계자와 협력업체가 BIM 문제를 해결하기 위한 주요 연락 창구이다. BIM 관리자는 또한 건설 단계에서 설계 조정 회의를 운영한다. 설계 조정을 위한 통합 모델을 준비하고 초기 간섭 감지 분석 및 그룹화를 수행하여 설계 조정 회의가 원활하게 진행될 수 있도록 하기도 한다.

앞서 챕터 2에서 언급한 바와 같이, BIM 관리자는 다음을 담당한다.

- ㅁ 설계조정모형 유지(신규모형)
- ㅁ 설계자와 협력업체에게 BIM 문제와 관련한 주요 연락 창구 역할
- ㅁ 건설단계 중 협력업체 및 설계사와의 설계조정 세션 운영
- ㅁ 협력업체 기록 모델링 및 결과물 관리
- ㅁ 파일 공유/확인 소프트웨어 관리

앞서 언급한 책임을 이행하기 위해서는 BIM 관리자가 여러 분야의 협력업체 팀을 이끌 준비가 잘 되어 있어야 한다. 따라서, 이 챕터에서는 성공적인 설계 조정 세션을 준비하고 주도하는 방법에 대한 지침을 제공할 것이다.

4.2 효과적인 설계 조정자의 특성

빌딩 정보 모델링(BIM) 또는 가상 설계 및 시공(VDC) 관리자의 역할은 시설의 계획, 설계, 시공 및 운영에 관한 정보 관리 만큼이나 광범위할 수 있다. 여기서는 특히 설계 조정 프로세스를 수행하는 것과 관련된 BIM 관리자의 역할에 초점을 맞춘다.

BIM 관리자의 업무 중 상당 부분은 서로 다른 프로젝트 관계자 간의 효과적인 협업과 조정을 촉진하는 것과 관련이 있다. 많은 기업에서 BIM 관리자의 역할은 새로운 기술을 구현해야 하는 필요성에서 비롯되었다. 이러한 역할의 개인은 대개 이전에 혁신 또는 기술 전문가였다.

또 다른 접근 방식은 현장 경험과 기술적 열정을 가진 사람을 회사 내에서 식별한 후, 비즈니스 요구에 대응하여 BIM 관리자 역할로 교육 및 전환시키는 것이다. 후자는 단순히 기술 배경이 아닌 건설 분야의 전문 지식을 갖춘 사람을 데려올 수 있는 장점이 있다. BIM 관리자는 두 옵션 중 하나를 선택할 경우 국가마다 다를 수 있는 교육의 혜택을 누릴 수 있다. 몇 가지 예로는 Autodesk, Graphisoft, 미국건축디자인연구소, 미국 AGC(American Institute of General Contractors) 및 영국 왕립 공인평가원협회(RICS)가 제공하는 교육 및 인증 프로그램이 있다.

업계에서는 광범위한 과거의 경험을 바탕으로 효과적인 BIM 관리자를 만나볼 수 있다. 핵심은 BIM 관리자가 건설 프로젝트에서 BIM 구현을 성공적으로 관리하기 위해서는 강력한 소프트 기술과 기술력을 모두 갖춰야 한다는 것이다.

다음은 설계 조정자의 바람직한 특성을 요약한 것이다.

- ㅁ 체계적이고 공정 지향적.

  세션이 최대한 생산적이 되도록 조정 회의를 사전에 계획한다. 또한 모든 세션은 시간이 지남에 따라 일관된 패턴을 따라야 하며, 의장은 회의가 정상 궤도에 오르게 해야 한다. 의사결정과 조치 항목을 빠르고 객관적으로 요약할 수 있어야 하며, 필요한 경우 특정 개인에게 후속 조치를 취하고 설계 조정 프로세스를 촉진하며 최대한 효율적이고 효과적으로 수행할 수 있어야 한다.

- 솔루션 중심.

  매력적이면서도 필요할 때 적극적이고 확고하다. 팀에게 프로젝트의 최대 관심사를 염두에 두도록 상기시켜 준다. 설계팀에 부담을 주기보다는 인내심을 가지고 건설업자가 특정 상황에 대해 어떻게 생각하는지 제안하는 사람이 되어야 한다. 개인과 다른 의견들을 존중하며 문제의 우선 순위를 지정하는 방법을 알고 있다. 사람과 커뮤니케이션 기술을 갖추고 있으며 회의와 토론을 주도할 수 있다.

- 논리적인 사상가.

  다양한 시나리오를 분석할 수 있으며 문제 해결 능력이 뛰어나다. 특정 프로젝트에 대한 경험이나 지식, 특히 MEPF와 관련된 모든 엔지니어링 범위에 대한 지식을 포함하여 올바른 기술 능력을 보유해야 한다. 설계 및 시공에 대한 과거의 직접적인 경험이 있다면 이상적이라고 할 수 있다.

- 강력한 소프트웨어 기술.

  진행자는 설계 조정 세션에서 모델을 주행하듯 이끌어가야 하므로 사용중인 특정 소프트웨어 시스템에 매우 편안한 상태이어야 한다.

4.3 설계 조정 워크플로우

이 섹션에서 설명하는 워크플로우는 BIM 관리자가 각 개별 모델을 통합 모델(예: Autodesk Navisworks®)로 가져와야 하는 소프트웨어를 활용하고 있는지, 아니면 각 협력업체가 통합 모델에 직접 업로드할 수 있는 소프트웨어를 사용하고 있는지(예: Autodesk BIM 360 Glue®)에 따라 달라질 수 있다. 어느 쪽이든 Figure 4.1에 표시된 일반적인 워크플로우는 유사하며 각자의 필요에 따라 조정될 수 있다.

Figure 4.1에 표시된 워크플로우는 Table 4.1과 같이 주간 스케줄로 변환될 수 있으며, 이 스케줄에서 특정 태스크가 표시되므로 설계 조정 회의가 열린다. 회의 후 각 협력업체 모델에 대한 수정을 실시하고 새로운 문제를 시정한다. 수정된 모델은 다음 주에 있을 설계 조정 회의에서 검토될 것이다. 이 과정은 건설(IFC) 모델에 대한 모든 당사자의 합의가 있을 때까지 계속된다.

4.3.1 3D 모델링

기본 모델(즉, 구조 및 건축)이 적어도 LOD 300으로 제공된다고 가정할 때, 3D 모델링은 설계 조정 프로세스에 참여하는 각 협력업체에 의해 모델 제

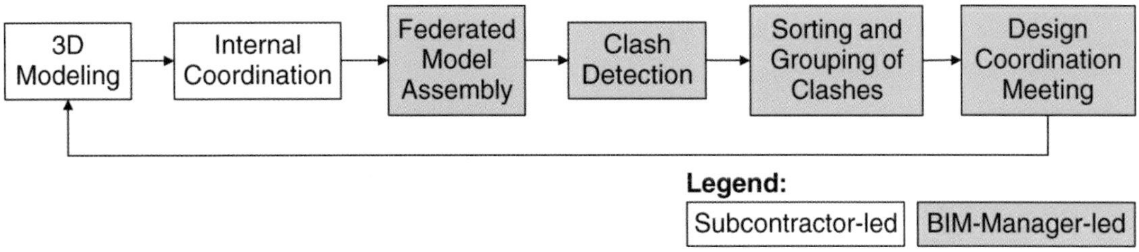

Figure 4.1 설계조정 워크플로우

Table 4.1 설계조정 주간 일정

<table>
<tr><th></th><th>월요일</th><th>화요일</th><th>수요일</th><th>목요일</th><th>금요일</th></tr>
<tr><td>7am</td><td rowspan="2">BIM매니저에게 협력업체/연결작업을 위한 모델 업로드</td><td rowspan="2">BIM매니저의 회의 준비</td><td rowspan="9">협력업체가 간섭 해결이 수행된 각각의 모델 수정</td><td rowspan="2">BIM매니저가 수정된 연합모델을 생성하고 협력업체에게 공유</td><td rowspan="11">협력업체가 시각적 검토와 시각적 간섭 해결을 수행</td></tr>
<tr><td>8am</td></tr>
<tr><td>9am</td><td rowspan="9">BIM매니저가 설계조정 회의를 위해 간섭체크, 분류 및 그룹화, 간섭 리포트 및 아젠다 준비</td><td rowspan="3">설계 조정 회의</td><td rowspan="2">협력업체가 수정된 연합모델 다운로드</td></tr>
<tr><td>10am</td></tr>
<tr><td>11am</td><td rowspan="7">협력업체가 시각적 검토와 시각적 간섭 해결을 수행</td></tr>
<tr><td>12pm</td><td>협력업체의 모델 다운로드와 회의록 및 주석 달린 모형 수령</td></tr>
<tr><td>1pm</td><td rowspan="5">협력업체가 간섭 해결을 위해 각각의 모델 수정</td></tr>
<tr><td>2pm</td></tr>
<tr><td>3pm</td></tr>
<tr><td>4pm</td><td rowspan="2">BIM매니저에게 협력업체/연결작업을 위한 수정 모델 업로드</td></tr>
<tr><td>5pm</td></tr>
</table>

□ 하청업체 주도 ▒ BIM 매니저 주도

작 소프트웨어에서 수행된다. 협력업체는 프로젝트의 BIM PxP에 확립된 지침을 준수하는 한 다양한 모델 제작 소프트웨어 시스템을 사용할 수 있다. 예를 들어 Autodesk Navisworks Manage®에서 설계 조정을 수행하는 경우 모델 지정 소프트웨어 시스템은 Navisworks에서 읽을 수 있는 파일을 내보내면서 Geometry, 명명 규칙 및 색상 코드를 유지할 수 있어야 한다.

4.3.2 내부 조정

챕터 3에서 논의한 바와 같이, 협력업체는 BIM 관리자에게 개별 모델을 넘기기 전에 내부(분야 내) 모델 조정을 실시하여 기본 모델뿐 아니라 각자의 작업 범위에도 간섭이 없도록 해야 한다. Autodesk Navisworks Manage®와 같은 소프트웨어를 활용한 간섭 탐지는 물론 모델의 시각적 안내를 통해 내부 조정을 수행할 수 있다. 협력업체는 모델에 중복되거나 겹치는 요소가 없는지, 요소가 올바른 위치에 있는지, 모델 요소가 BIM PxP 명명 및 색상 지정 규칙을 준수하는지 확인해야 한다.

4.3.3 간섭 체크

간섭 체크는 일반적으로 BIM 엔지니어가 주도하며 이 작업에는 다음이 포함된다.

(1)육안 검사. 일반적으로 모델 조정 기능이 없어야 하는 간섭 방지 소프트웨어(예: Autodesk Navisworks Manage®)에서 수행되는 가상 관찰에 의한 육안 검사이며 특정 작업 범위에 대한 책임은 BIM 엔지니어에게 있다.

(2)자동 간섭 체크. 간섭 방지 소프트웨어 시스템의 양쪽 테스트를 활용한 자동 간섭 감지. BIM 관리자는 두 가지 유형의 간섭 체크 모두에서 강력한 간섭, 소프트/클리어런스 간섭, 임시 워크플로우 간섭을 고려하게 된다.

강한 간섭(Hard clashes)은 동일한 물리적 공간을 점유하고 있는 두 물리적 요소 사이의 간섭으로, 예를 들어 강철 빔을 관통하는 파이프 또는 HVAC 덕트를 관통하는 조명 기구 같은 것들이다. 이러한 상황이 현장에서만 발견되는 경우에는 간섭을 해결하는 데 많은 비용과 시간이 소요될 수 있다. 강한 간섭의 예는 Figure 4.2 및 4.3과 같다.

약한 간섭(Soft or clearance clashes)은 요소가 필요한 공간적 오차에 맞이 않거나 완충 구역이 침해되었을 때 발생한다. 예를 들면 주차장 상부배관의 하단과 마감 표면 사이의 최소 간극 또는 기계실의 공기 조절 장치 유지 관리 지점에 대한 파이프의 액세스 차단 간격 등이 있다. 소프트웨어

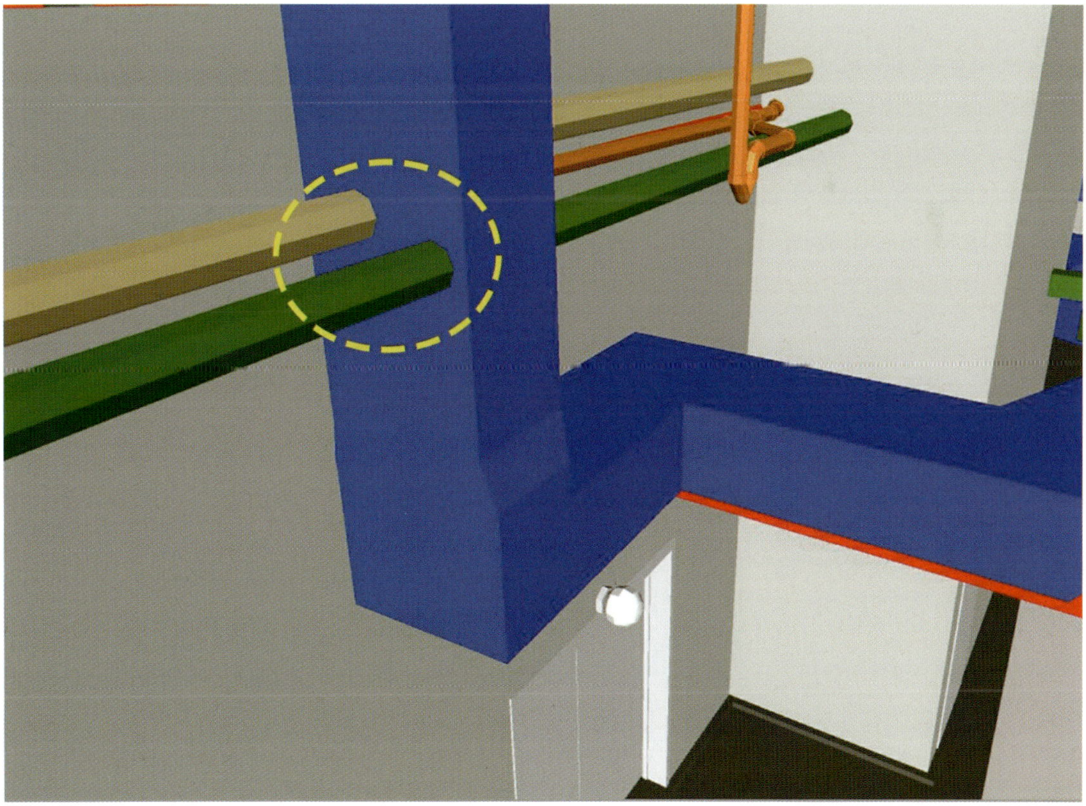

Figure 4.2 강한 간섭의 사례 – HVAC 덕트를 관통하는 배관과 소방라인

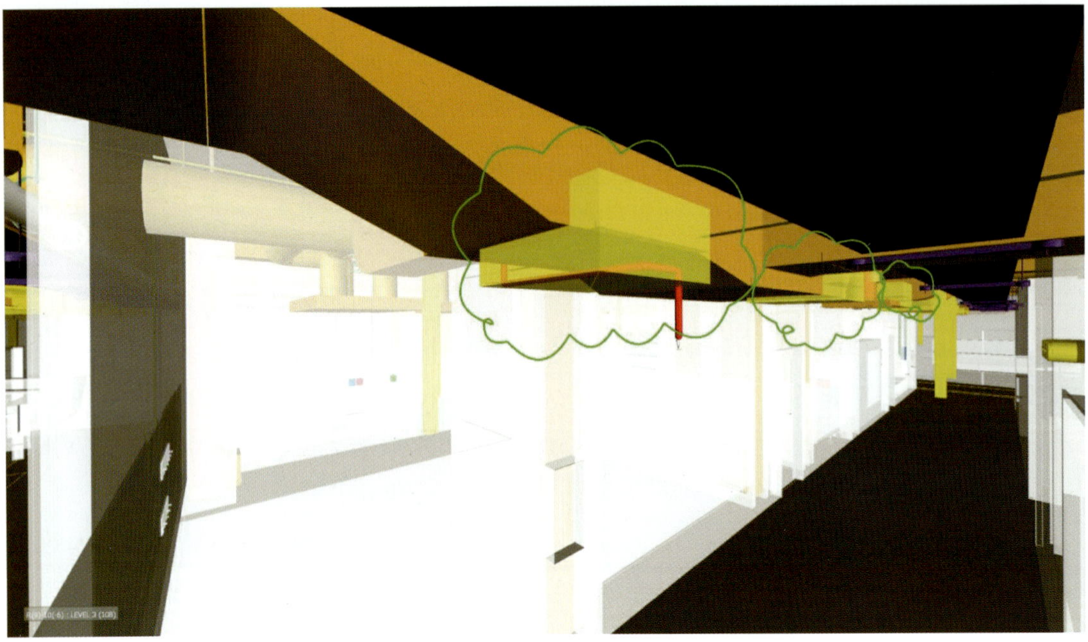

Figure 4.3 강한 간섭의 사례 – HVAC 덕트와 조명기구의 간섭
출처: Image courtesy Autin Commercial

는 두 개체 간의 간섭만 고려하므로 이러한 간섭은 자동 간섭 체크 소프트웨어에서 감지되지 않을 수 있다. 따라서 간섭 체크 소프트웨어가 약한 간섭을 탐지할 수 있도록 원하는 간격 또는 필요한 간격을 나타내는 개체를 생성하는 것이 일반적이다. 이러한 유형의 간섭은 일반적으로 육안 검사에서도 발견되기 때문에 건설에 영향을 미치지 않을 수 있지만 시설 운영 단계에 영향을 미칠 수 있는 잠재적 파괴 간섭을 방지하기 위해 건축주 또는 시설 관리 대표자를 비롯한 주요 이해 당사자를 회의실에 두는 것이 중요하다. Figure 4.4와 4.5에 약한 간섭의 예가 표현되어 있다.

임시 워크플로우 간섭은 계약자의 스케줄링 또는 장비 및 자재 납품과 같은 일정에 대한 간섭을 수반한다(예: 해당 지역의 건설로 인해 일시적으로 차단된 주요 액세스 지점). 이러한 임시 워크플로우 간섭은 4D 간섭이라고도 한다. 이러한 유형의 간섭은 프로세스/스케줄링 정보 통합이 필요하기 때문에 포착하기가 더 어렵다. 따라서 간섭 체크 모델이 아닌 4D 모델(시간과 통합된 3D 모델)에서 종종 관찰되지만, 그러한 간섭의 영향을 받고 설계 조정 회의에 참석한 다양한 이해당사자들에 의해서도 지적될 수 있다. 이것이 실제 현장에서만 발견되는 경우 이러한 유형의 간섭으로 인해 생산성이 저하되거나 영향을 받는 분야의 작업이 중단될 수도 있다. Figure 4.6 및 4.7은 참고할 만한 임시 워크플로우 간섭의 사례들이다.

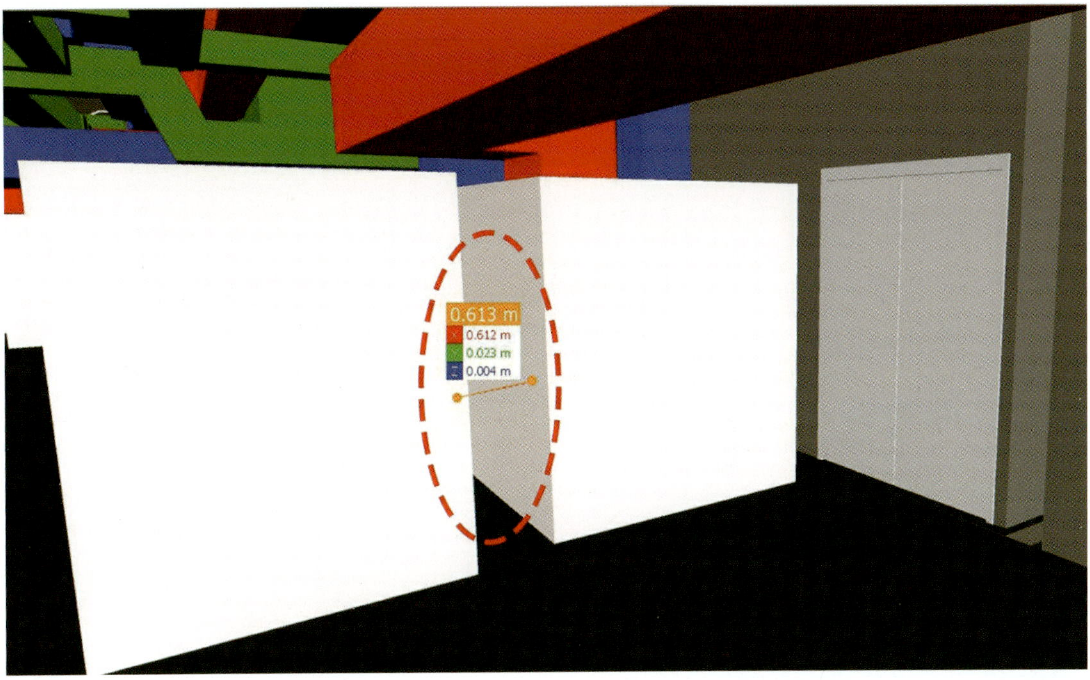

Figure 4.4 약한 간섭의 사례 – 기계실에 있는 두 개의 HVAC 장비 사이의 유지관리를 위한 좁은 공간

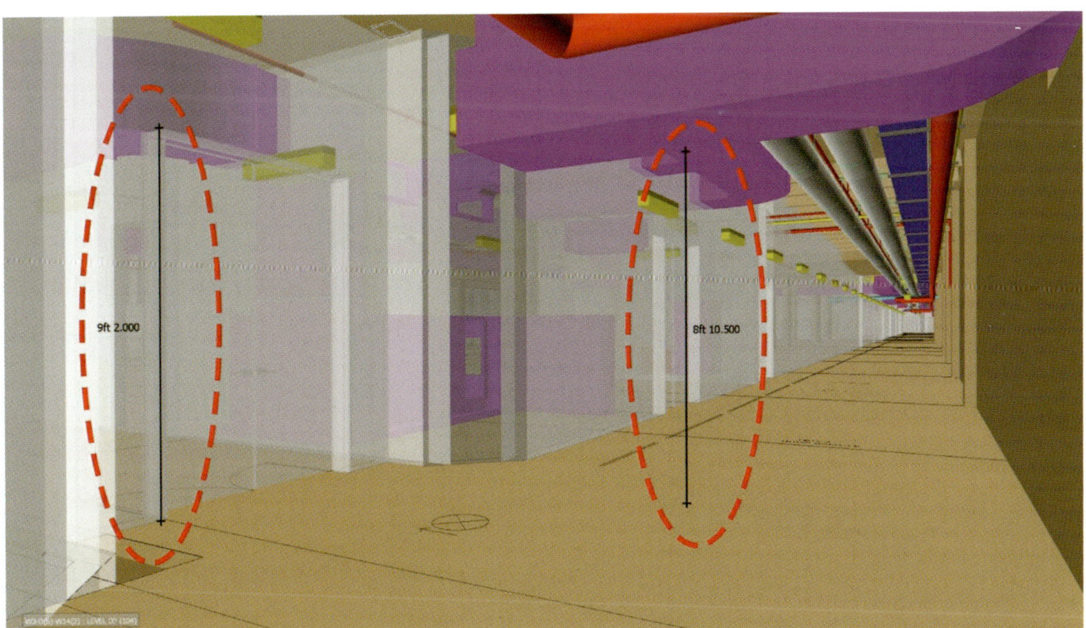

Figure 4.5 약한 간섭의 사례 – 덕트가 서비스통로의 높이보다 낮음. 장비들을 이동하기 위해서는일반적인 문 높이인 9'–0" 이상의 공간이 필요함

출처: Image courtesy Autin Commercial

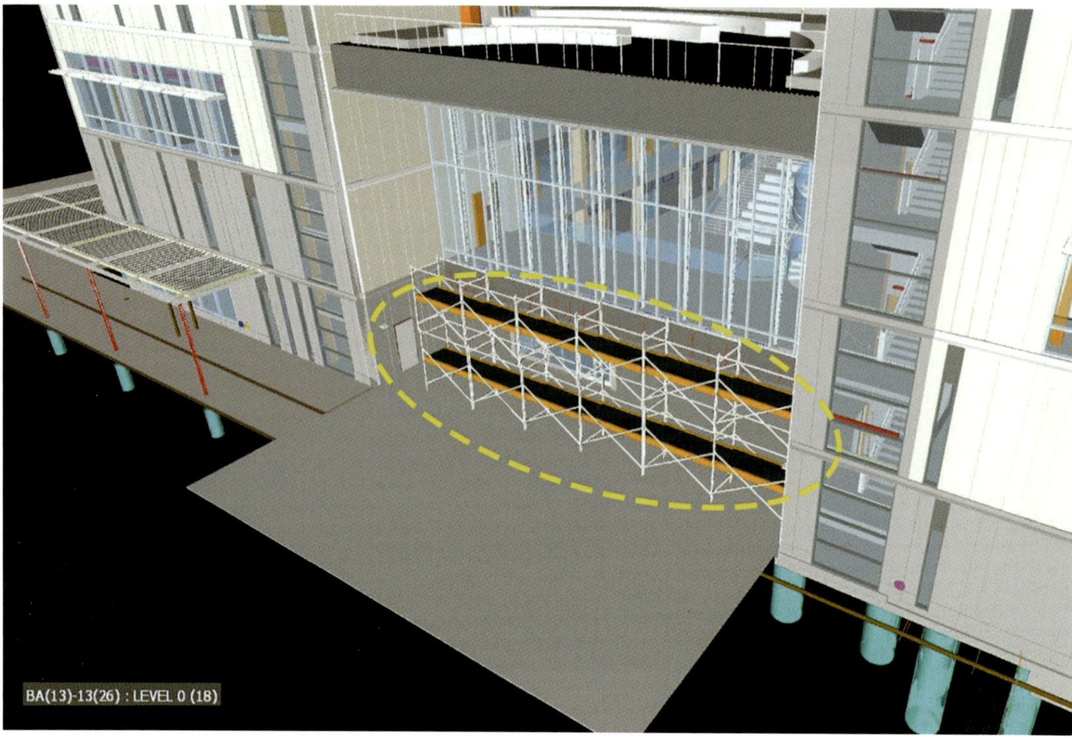

Figure 4.6 임시 워크플로우 간섭의 사례 – 임시 설치된 비계가 주통로를 막음

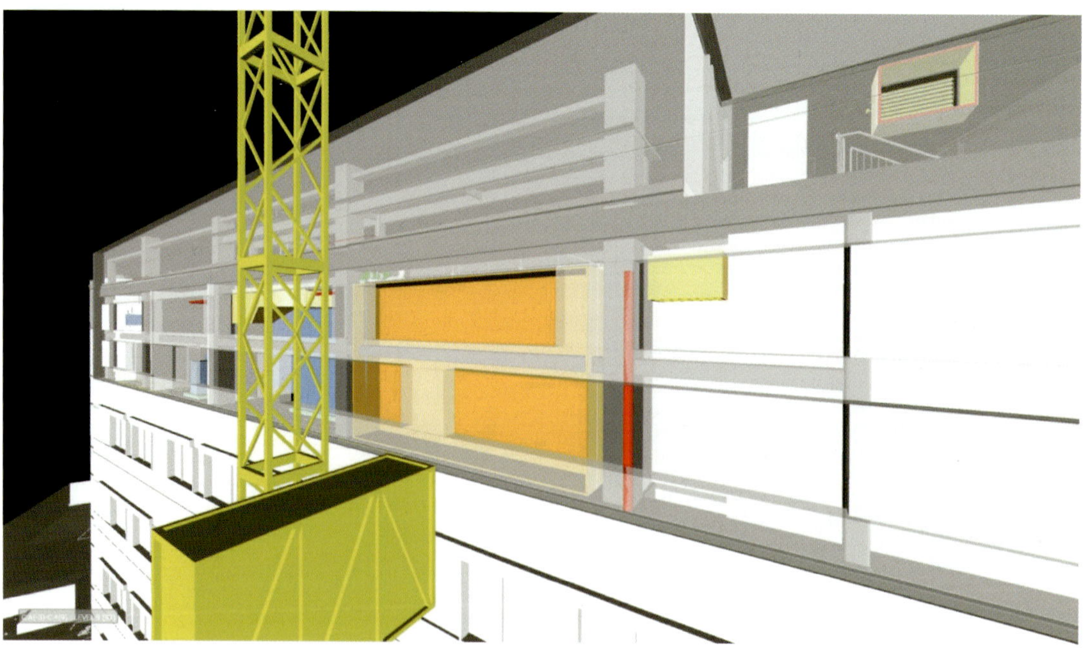

Figure 4.7 임시 워크플로우 간섭의 사례 – 기계층의 에어컨 바로 앞의 벅호이스트. 이것은 GC가 계획한 프리캐스트 판넬에 가장 덜 간섭하는 최고의 위치임.
출처: Image courtesy Austin Commercial

4.3.3.1 간섭의 분류 및 그룹화

간섭 체크가 자동으로 그리고 육안 검사를 통해 수행되면 BIM 관리자는 간섭을 그룹화해야 한다. 단순히 여러 조각으로 모델링된 객체(예: 15개의 서로 다른 객체에서 모델링된 밸브 객체로 1개의 실제 간섭이 발견되었고 14개의 거짓 긍정의 간섭이 발견되었음)로 인해 간섭이 발생할 수 있기 때문이다. 또는 간섭 그룹이 관련 해결책을 가질 수 있으므로 그룹으로서 설계 조정 회의에서 논의할 수 있다. 일반적으로 간섭체크 소프트웨어에서 생성된 간섭체크의 20% 정도만 실제 간섭과 관련이 있다. 따라서 BIM 관리자는 회의가 보다 효율적으로 진행될 수 있도록 설계 조정 회의에 앞서 노이즈와 그룹 간섭을 제거하는 데 시간을 집중적으로 할애해야 한다. Figure 4.8에서는 그룹화가 가능한 일련의 강한 간섭의 예를 보여주고 있다.

4.3.3.2 설계조정회의

BIM 관리자가 간섭을 분류하고 그룹화하면 이러한 문제들에 대한 간섭 그룹은 기본적으로 설계 조정 회의의 안건이 된다. 따라서 BIM 관리자는 이 회의의 진행자 역할을 해야 하며, 따라서 협력업체가 회의 중에 자신들 간의 갈등을 해결할 방법을 마련하고 결정할 수 있도록 지원해야 한다. BIM 관리자는 해결해야 할 문제를 제기하고, 문제에 대한 책임을 할당하며, 이러한 문제에 대한 의사 결정 또는 해결책을 도출하는 방향으로 회의를 이끌어야 한다. 협력업체는 논의 중인 분쟁에서 충돌하는 특정 당사자가 아니더라도 식별된 문제를 해결하고 전체 논의에 기여할 수 있는 권한을 부여받아야 한다.

Figure 4.8 배관라인과 HVAC 덕트들의 강한 간섭의 예. 이러한 것은 설계조정회의에서 그룹으로 논의해야 할 것들임.

Figure 4.9 GC가 이끄는 설계조정회의. 대부분의 협력업체는 온라인으로 참석함.
출처: Image courtesy Austin Commercial

간섭의 해결은 일반적으로 모든 작업들을 통해 동시에 또는 BIM PxR에 설정된 계층을 통해 순차적으로 이루어진다. BIM 관리자는 간섭들 또는 간섭 그룹이 논의되는 회의 속도와 순서를 아래 두 유형의 간섭해결에 따라 설정하게 된다(Figure 4.9).

동시 간섭 해결(Simultaneous clash resolution)이란 일반적으로 각 구역의 모든 간섭을 포괄하는 시설의 구역과 층에 따라 간섭이 논의되는 것을 의미한다. 동시 간섭 해결은 재작업으로 이어질 수 있는데, 이는 협력업체가 선행 구역에 대해 제시하는 솔루션이 후속 구역에 파급 효과를 미칠 수 있기 때문이다. 그리고 모든 협력업체는 설계 조정 회의 후 작업 범위에 대한 새로운 모델을 개발하는 작업을 하게 되므로, 수정된 모델은 다음 주에 새로운 간섭을 일으킬 수 있으며, 그 다음에는 동일한 영역에 대해서 다시 조정해야 한다.

순차적 계층 기반 간섭 해결(Sequential hierarchy-based clash resolution)은 설계 조정이 시작되기 전에 모델의 요소 계층이 설정되는 것을 의미하며, 이는 요소 조정 순서를 정하고 우선순위를 지정하는 데 도움이 된다. 예를 들면 건축 및 구조적 요소는 결정된 것으로 간주될 수 있으므로, 모든 협력업체와 거래업체는 이를 우회해야 하며 이때 중대한 문제가 없는 한 움직이지 않아야 한다. 이 경우 설계자는 논의를 위해 회의에 참석해야 할 필요가 있다. 다음으로 우선순위가 높은 요소는 부피가 가장 큰 HVAC 덕트이고 그 다음 요소는 배관 라인과 같은 중력 기반 라인이다.

그리고 마지막 우선순위는 이동 유연성이 가장 높다고 판단되는 화재 보호 라인과 같은 가압 파이프이다. 실제로 이는 HVAC 덕트가 먼저 위치를 결정한 다음 논의용 모델을 모든 협력업체에 공개한다는 것을 의미한다. 그런 다음, 중력 기반 선이 이미 설치된 건축, 구조 및 덕트를 고려하여 모델에 추가되고, 이 모델을 모든 협력업체에 공개하게 된다. 이 프로세스는 계층의 마지막 요소가 작업 범위를 통합 모델에 입력할 때까지 계속된다. 계층 기반 간섭 해결에는 우선 순위 대기열에 있는 모든 당사자들을 우선하는 전방 조직과 동의가 필요하다. 이 접근 방식은 더 긴 프로세스로 이어질 수 있지만, 재작업이 줄어들어 각 업체간 작업들이 작업 범위에 포함되면 이전의 모든 작업 범위가 해당 계층에서 이미 조정되어 있음을 알 수 있다.

4.3.3.3 모델 보정

각 설계 조정 회의 후, 협력업체는 모델 제작 소프트웨어에서 각자의 범위를 수정한 후 새 모델을 BIM 관리자에게 보내 개정으로 인해 발생할 수 있는 새로운 간섭을 확인한다. 수정된 모델은 다음 주 설계 조정 회의에서 검토된다. 이 과정은 건설 모델에 대한 이슈에 대해 모든 당사자가 합의할 때까지 계속된다.

설계조정 프로세스 시작 시 시공사에 의해 일반적으로 분포되는 샘플 충돌 해결 계층구조

이 프로젝트는 BIM 승인 소프트웨어(Autodesk Revit®)를 사용하여 설계되며, 설계 및 시공의 모든 단계는 Revit 호환 모델을 사용한다. 최신 버전의 Autodesk Navisworks Manage®를 사용하여 파일 및 간섭 분석 세션이 수행된다. 다음의 위계 순서는 충돌 발생 시 주어진다.

1. 다른 분야보다 우선하는 건축과 구조
2. 설비 위치 및 접속
3. 증기, 응축수, 폐기물, 우수관, 그리스 덕트 및 프리액션 방화 시스템을 포함한 중력선
4. 고압, 중압 덕트와 장비
5. 모든 방화용 배관을 포함한 직경이 큰 가압 파이프 메인관, 밸브 및 장치(4" 이상)
6. 조명 설비와 배선 랙 / 케이블 트레이
7. 방화설비 분기 배관, 장치 및 헤드
8. 저압 덕트장치, 그릴, 레지스터, 디퓨저 및 관련 장비
9. 직경이 작은 가압관 메인관, 밸브 및 장치(3" 이하)
10. 정격 파티션을 통한 슬리브
11. 액세스 패널

그 밖의 노트

- 덕트 또는 파이프는 벽과 평행하거나 문 프레임 가장자리의 벽에 수직으로 설치할 수 없다.
- 장비 액세스가 해결될 수 없는 수준의 충돌이 있을 경우, 제안한 배치가 허용 가능한지 확인하기 위한 정보 요청서(RFI)가 작성되어야 한다.

4.4 성공적인 설계 조정 세션의 특성

BIM 관리자는 성공적인 설계 조정 세션을 이끌 수 있는 핵심 요소이다. 이때 성공이라는 의미는 세션 시작 시 조정 문제를 효과적이며 객관적으로 해결하는 설계 조정 세션으로 정의된다. 다음은 성공적인 설계 조정 세션의 구성 요소이다.

- 모든 파일 및 콘텐츠는 항상 모든 이해 관계자가 액세스할 수 있음.

- 모든 필수 이해관계자는 설계 조정 세션의 일부가 되어야 함. 예를 들면 건축가, 구조, 전기, 기계 및 배관 설계 엔지니어를 포함한 모든 설계 컨설턴트, 프로젝트 매니저 및 현장 팀의 MEPF 감독관 등이 있는데 참가자는 의사결정권을 가져야 한다. 세부적인 기술자들도 결정권을 부여받아야 하며 "며칠 내에 상사에게 확인해 보겠습니다" 같은 언급은 세션을 멈추기 때문에 좋은 태도가 아니다.

- 참여는 반드시 직접 대면하는 것을 의미하지는 않는다. 사무실에서 컴퓨터와 화상 회의를 사용하는 참가자는 세부 정보를 기계에서 삭제할 경우 조정이 제한되므로 보다 효과적일 수도 있다. 즉석에서 자신의 파일에 있는 정보에 액세스할 수 있다(항상 파일만으로는 충분하지 않음).

- 참가자는 GC의 제안이나 의견을 바탕으로 설계 문서를 변경할 용의가 있어야 하며 기꺼이 한 팀으로 협력할 것이다. 그들의 영역을 결코 옮기지 않으려는 작업방식만큼 세션을 방해하는 것은 없다. 이는 공동 작업 프로세스이며, 참가자는 팀의 기능을 수행하면서 프로젝트의 최대 관심사를 염두에 두어야 한다.

- 참가자는 조정 일정에 전념해야 한다. 이에 대한 예제 워크플로우는 GC가 회의 전/후 태스크를 포함하여 프로세스 초기에 개략적으로 설명하는 특정 태스크와 함께 Figure 4.1에 나와 있다.

- 모든 참가자는 문제를 사전에 표시하고(직무 범위에 영향을 주지 않아도 되는 문제라도) 팀 토론에 문제를 제기하고, 해결책을 제안하고, 적시에 후속 조치를 취하도록 해야 한다.

- 참가자는 주요 조정 문제들의 히스토리(시간, 원인, 토론, 진행, 해결책 및 합의)를 명확하게 문서화해야 한다. BIM 관리자가 이러한 내용을 지속적으로 추적해야 하지만 팀 전체도 적극적으로 기여해야 한다.

- 마지막으로 참가자들은 다가오는 변경사항에 대해 명확히 이해해야 하며, 이는 미팅에 GC나 디자이너가 참여하는 것을 의미할 수 있다.

4.5 요약 및 논의 사항

이 챕터에서는 성공적인 설계 조정 세션을 수행하는 방법과 효과적인 설계 조정자의 특성 및 소프트웨어와 현장 기술 능력 양쪽의 중요성을 설명했다. 챕터에서는 3D 모델링, 내부 조정, 통합 모델 조립, 간섭 감지, 간섭의 분류 및 그룹화, 성공적인 설계 조정 세션 수행 방법 등 설계 조정 워크플로우를 설명했다.

이 챕터를 읽은 후, 다음에 대해서 생각해 보시오.

1. BIM 관리자가 소프트웨어 및 기술적 스킬을 모두 갖추는 것이 중요한 이유는 무엇인가?
2. 연합 모델에 포함될 모델을 BIM 관리자에게 제출하기 전에, 협력사는 내부적인 조정을 미리 해야 한다. 일반적으로 내부 조정에서 수행되는 작업은 무엇인가?
3. 간섭 검토에는 두 가지 주요 프로세스가 포함된다. 그것들은 무엇이며, 왜 두 가지를 모두 수행하는 것이 중요한가?

4 .가장 일반적인 충돌 유형 세 가지는 무엇인가? 각각 예를 드시오.

5 설계 조정 워크플로우의 일부인 BIM 관리자 주도 활동은 무엇인가? 각각 설명하시오.

6. 설계 조정 워크플로우의 일부인 협력사가 주도하는 활동은 무엇인가? 각각 설명하시오

Chapter 5

GC 및 VDC 조정 팀을 위한 구체적인 지침

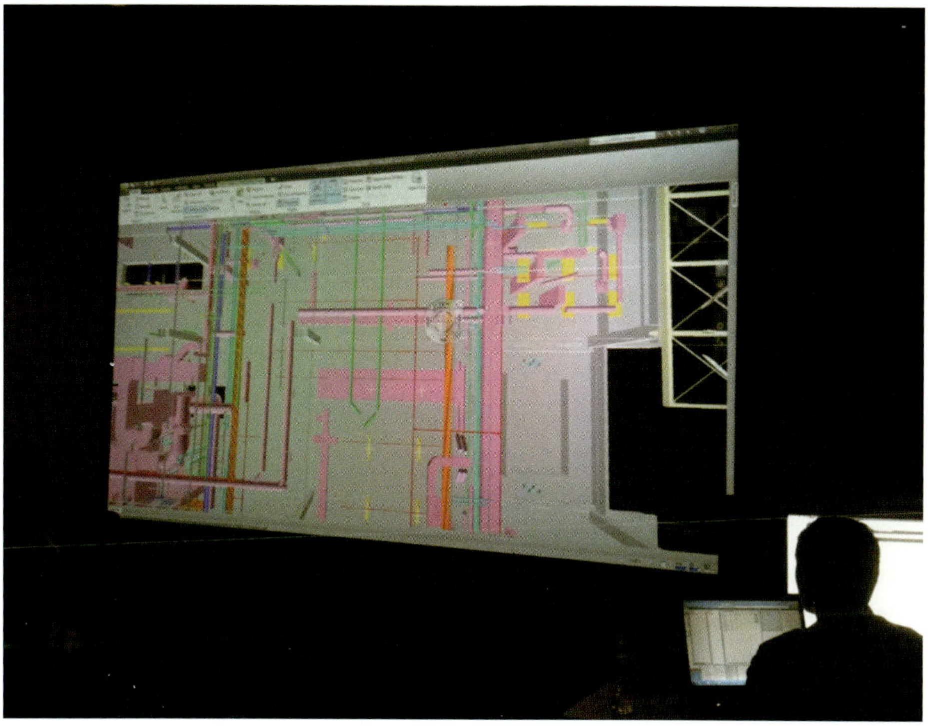

5.0 개요

VDC 조정 팀은 일반적으로 시공사(GC)의 일원이며 전체 BIM 설계 조정 프로세스를 관리한다. 이 챕터에서는 GC 및 VDC 코디네이터에 대한 구체적인 지침을 다루고, 프로젝트의 BIM 프로젝트 실행 계획(PxP) 수립부터 시작하여 설계 조정 프로세스까지 관리하는 VDC 코디네이터와 BIM 관리자의 역할과 책임을 설명한다. 이 챕터에서는 또한 건축주, 설계자 및 협력업체와 같은 다른 프로젝트 팀과의 VDC 팀 인터페이스에 대해서도 설명한다. 아카데믹 건축물에 대한 사례 연구가 제시되며, 설계 조정과 관련된 VDC 프로세스에서의 GC 역할을 설명한다. 챕터 5, 6 및 챕터 7은 각각 GC 및 VDC 조정자를 위한 챕터로 GC 및 VDC 조정자를 위한 챕터 5, 설계자를 위한 챕터 6, 협력업체 및 제작업체를 위한 챕터 7 등 유사한 구조로 이어진다.

5.1 소개

Eastman et al.(2011)이 지적한 바와 같이 GC의 중요한 기능은 작업연결과 시스템 조정이다. 설계 조정을 통해 서로 다른 전문 설계자와 건설업자가 설계를 통합하여 구성 요소 간의 간섭 없이 제작할 수 있는 조정된 단일 설계 세트를 만들어 설계 오류를 줄일 수 있다. 설계자와 협력업체는 작업 범위와 다른 부문과의 연계 방법을 더 잘 이해할 수 있기 때문에, 효과적인 설계 조정은 비용 초과, 일정 지연 및 현장의 문제 식별만으로 야기되는 일반적인 중단을 방지할 수 있다. 병원과 같은 복합건물은 상대적으로 좁은 공간에 서로다른 이해관계자에 따라 복잡한 시설이 설치되고 다양한 서비스를 제공해야 하기 때문에 설계 조정이 더욱 중요해진다.

이전에도 건축, 엔지니어링 및 건설(AEC) 전문가가 있었고 1990년대 중반에는 이미 어떤 형태로든 3D 공간 조정을 사용했지만, 대다수는 2000년대 중반 이후 빌딩 정보 모델링(BIM)이 광범위하게 채택되면서 3D 공간 조정을 사용하기 시작했다. 2D 설계 조정에서 3D 설계 조정으로 전환됨에 따라 공정의 효율성과 효율성이 크게 향상되었다. 이제 더 많은 간섭을 미리 감지할 수 있어 설계 오류와 시스템 간의 간섭이 건설에 지장을 초래하지 않도록 방지할 수 있다. 또한 시설의 건축주와 미래의 운영자(즉, 설비 관리자)를 포함한 다양한 관점을 통합함으로써 유지관리 시스템이 더 어렵거나 아예 불가능한 방식으로 만들어지지 않도록 할 수 있다. 따라서 GC는 디지털 환경에서 설계 조정 프로세스를 설정하고 관리하는 데 핵심적인 역할을 수행하며 공정의 체계성과 효율성을 보장해야 한다.

이 챕터에서는 GC 및 VDC 코디네이터에 대한 구체적인 지침을 다루고, 프로젝트의 BIM 프로젝트 실행 계획(PxP) 수립부터 시작하여 설계 조정 프로세스까지 관리하는 VDC 코디네이터와 BIM 관리자의 역할과 책임을 설명한다. 이 챕터에서는 또한 건축주, 설계자 및 협력업체와 같은 다른 프로젝트 팀과의 VDC 팀 인터페이스에 대해서도 설명한다. 아카데믹 건축물에 대한 사례 연구가 제시되며, 설계 조정과 관련된 VDC 프로세스에서 GC의 역할을 설명한다.

5.2 설계 조정 과정에서 VDC 조정자의 역할

설계 조정은 복수의 프로젝트 관계자(예: 건축주, 설계자, 일반 도급업체 및 협력업체) 간의 협업 프

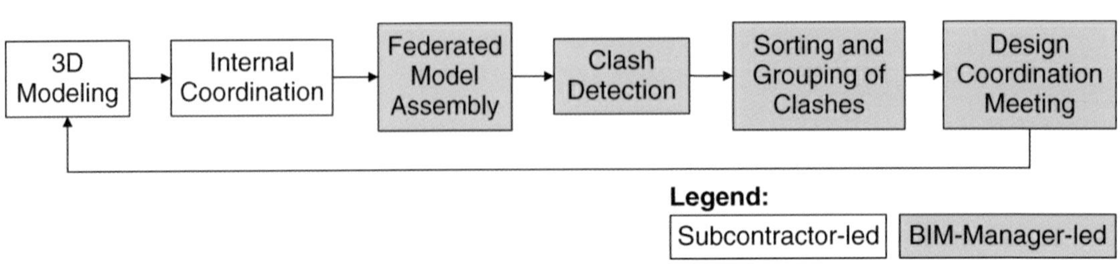

Figure 5.1 설계조정 워크플로우

로세스이지만, 설계 조정 과정에는 먼저 제작 모델(예: LOD 400)에 엔지니어의 설계를 상세히 기술하는 과정이 포함된다. 기계, 전기, 배관 및 방화(MEPF) 협력업체의 제작 모델 개발은 설계 서비스가 아니라는 점에 유의해야 한다. 대신, 효율적이고 비용 효율적인 설계 시공 및 설치를 목표로 하는 엔지니어의 설계를 3D로 변환한 것이다. 다시 말해, 엔지니어는 설계를 책임지고 건설업자와 협력업자는 건설과 장비 설치를 책임지는 것이다.

따라서 GC는 여러 이해관계자 간의 설계 조정 프로세스를 설정, 관리 및 조정하는 고유한 역할을 하게 된다. GC의 BIM 관리자는 설계 조정을 위한 통합 모델을 준비하고 초기 간섭체크 분석 및 그룹화를 수행하여 설계 조정 회의가 원활하게 진행될 수 있도록 한다.

BIM 관리자는 여러 분야에 걸친 협력업체 팀을 이끌 준비가 잘 되어 있어야 한다. 챕터 4에서 한번 소개했던 그림인 Figure 5.1을 다시 살펴보고 GC BIM 관리자의 역할에 초점을 맞춘다면, GC가 설계 조정 프로세스 전반의 효율성을 보장하는 데 중요한 역할을 수행하며 대부분의 프로세스를 주도하고 있음을 알 수 있다. 이를 위해 GC는 설계 조정 프로세스의 대리인이 기술적 스킬과 사회적 스킬을 모두 갖추고 있는지 확인해야 한다. GC는 다양한 성격 유형과 경험 수준을 가지고 작업해야 하기 때문이다. 예를 들어 협력업체가 최소의 3D 모델링 경험을 가지고 있더라도 설계 조정을 위해 각자의 모델을 통합 모델에 통합해야 한다.

성공적인 BIM 기반 설계 조정을 위한 프로젝트를 수립할 때 건축주는 GC 및 설계자와의 프로젝트 요구사항 측면에서 기본 규칙을 수립하는 데 핵심

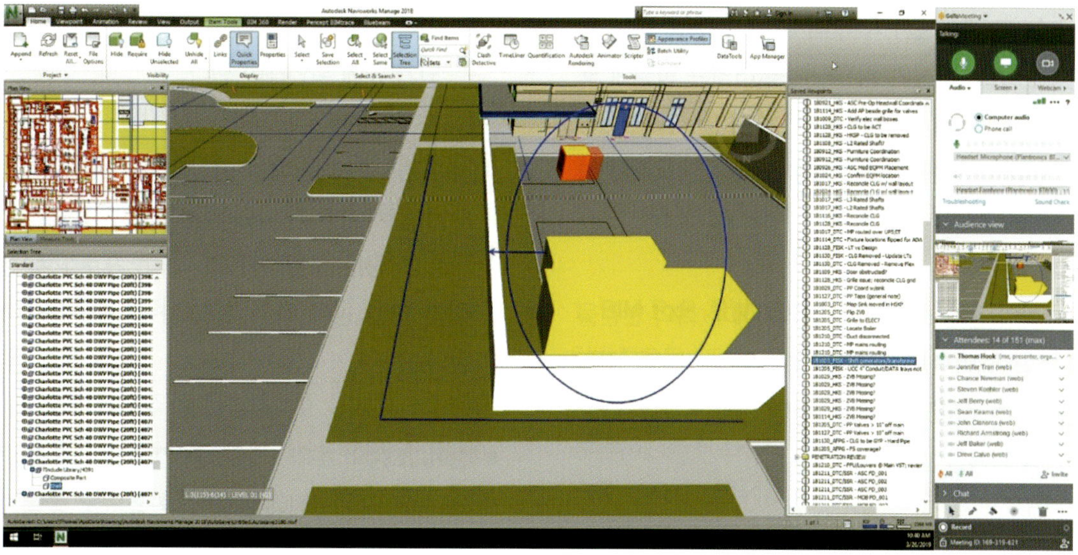

Figure 5.2 온라인 설계조정회의의 스크린 캡쳐

출처: 이미지 제공 Linbeck Group, LLC. GoToMeetmg and Autodesk 스크린샷은 GoToMeetmg and Autodesk Inc에 의해 재인쇄되었다.

Table 5.1 BIM PxP에서 지정한 GC의 업무와 책임사례

BIM 관련 업무	BIM 관련 책임
BIM 매니저	□ BIM PxP 개발 □ 설계 조정 모델(연합모델) 유지 관리 □ BIM 이슈에 대한 설계자와 협력업체의 주요 창구 □ 설계자, 협력업체와 시공기간 동안 설계 조정 세션 운영 □ 협력업체의 기록모델과 제출물 관리 □ 파일 공유/조정 소프트웨어 관리
프로젝트 매니저	□ 전체 BIM 프로세스 감독 □ 수행실적이 부실한 팀원에게 책임 부과

이 계획은 전체 건설 단계에서 모든 BIM 관련 프로세스와 문제에 대한 지침 문서가 된다. BIM PxP가 프로젝트에 특별히 맞춰져 있는 경우, GC는 프로젝트의 BIM과 관련된 기대와 우선순위를 명확하게 설명하는 모든 협력업체와의 미팅을 마련해야 한다. BIM PxP가 승인된 후 BIM의 실행이 시작될 수 있다.

2. 설계 조정 모델 유지 관리(통합 모델)

통합 모델은 설계자와 협력업체가 제작한 여러 모델로 구성된다. 기본 모델에는 건축 및 구조 모델이 포함되어 있다. 그런 다음 각 협력업체는 각자의 작업 범위에 대한 모델을 작성한다(예: 기계, 전기, 배관, 방화).

이후 이러한 개별 모델은 GC의 BIM 관리자에게 전달되고 기본 모델과 모든 협력업체 모델이 포함된 통합 모델로 통합된다.

중요한 점은 개발 수준(챕터 3. LOD에 대한 논의는 섹션 3.2 참조)이 기본 모델과 협력업체 모델에 따라 일반적으로 다르다는 점이다. 기본 모델은 보통 LOD 300인 반면, 협력업체 모델은 대개 LOD 400이고, 설계 조정 모델은 종종 LOD 350(즉, 일부 요소는 LOD 300, 다른 요소는 LOD 400) 정도가 된다.

일반적으로, 각 BIM 관련 역할은 BIM PxP에 규정되어 있다. GC는 일반적으로 최소 한 명 이상의 BIM 직원을 고용해야 한다. BIM 관리자는 BIM 프로젝트를 책임지고 설계 조정 모델을 유지해야 한다. GC의 주요 BIM 관련 역할은 설계 조정 프로세스를 관리하고 시공 단계가 끝날 때 모든 주요 연결작업(예: 건축, 구조, 기계, 전기, 배관, 화재 보호)을 포함하여 통합 준공 BIM을 건축주에게 제공하는 것이다. BIM 관리자는 설계 조정을 위한 통합 모델을 준비하고 초기 간섭체크 분석 및 그룹화를 수행하여 설계 조정 세션이 원활하게 실행되도록 한다.

3. 설계자와 협력업체가 BIM 문제를 해결하기 위한 주요 요소

BIM 관리자는 일반적으로 설계자와 협력업체가 BIM 문제를 해결하기 위한 주요 연락 창구이다. 협력업체는 프로젝트의 설계자 또는 엔지니어로부터 설계 도면과 사양을 받으면 작업을 시작한다. 설계자 도면에 있는 정보는 협력업체가 샵드로잉 및 설치에 필요한 디테일을 개발하여 설계자의 설계 의도 및 규정된 시스템 성능을 유지하도록 보강 및 상세화 한다. GC는 정보 요청 관리(RFI) 등 다양한 설계 및 사양의 수신 및 배포 과정을 관리한다.

4. 시공단계 중 협력업체 및 설계사와의 설계조정 세션 운영

또한 BIM 관리자는 시공 단계에서 설계 조정 세션을 진행한다. 이러한 세션은 일반적으로 매주 진행되며 BIM PxP에서 수립된 모델 개발 및 제출 요구 사항을 따라야 한다. 설계 조정 세션을 위한 통합 모델을 준비하기 위해 BIM 관리자는 각 협력업체의 모델을 수령하고 파일 공유 및 소프트웨어 조정을 관리하여 각 모델이 적시에 통합 모델과 통합되도록 보장한다. 효율적인 파일 공유를 통해 간섭 체크 및 시공성 분석을 원활하게 실행할 수 있다. GC의 프로젝트 매니저는 BIM 관리자를 감독하고 팀 구성원들에게 성과 불이행에 대한 책임을 물을 수 있다.

5. 외주업체 기록 모델링 및 결과물 관리

기본 모델(즉, 구조 및 건축)이 적어도 LOD 300이라고 가정할 때, 3D 모델링은 설계 조정 프로세스에 참여할 각 협력업체에 의해 모델 제작 소프트웨어에서 수행된다고 할 수 있다. 협력업체는 프로젝트의 BIM PxP에 확립된 지침을 준수하는 한 다양한 모델 제작 소프트웨어 시스템을 사용할 수 있다. 예를 들어 Autodesk Navisworks Manage® 에서 설계 조정을 수행하는 경우 모델 지정 소프트웨어 시스템은 Navisworks에서 읽을 수 있는 파일을 내보내면서 Geometry, 명명 규칙 및 색상 코드를 유지할 수 있어야 한다.

6. 파일 공유/조정 소프트웨어 관리

GC에서 개발하고 건축주가 승인한 상세한 BIM PxP는 또한 파일 공유 프로토콜과 조정 소프트웨어를 포함하여 프로젝트에서 BIM 사용에 대한 기대치와 관련하여 프로젝트 팀을 위한 프레임워크를 구축할 것이다. 조정 회의를 위한 모델을 준비하기 위해 BIM 관리자는 협력업체의 모델을 기록하고 파일 공유 및 소프트웨어 조정을 관리하여 각 모델이 통합 모델과 제시간에 통합될 수 있도록 한다. 원활한 파일 공유를 통해 간섭체크 및 구성 가능성 분석을 정확하고 원활하게 실행할 수 있다. 모든 파일과 콘텐츠는 GC의 BIM 관리자가 관리하는 플랫폼을 통해 모든 이해 관계자가 항상 이용할 수 있고 액세스할 수 있어야 한다.

앞부분에서 제시했던 Figure 5.1의 작업 흐름은 BIM 관리자가 각 개별 모델을 통합 모델(예: Autodesk Navisworks®)로 가져와야 하는 소프트웨어를 활용하고 있는지, 아니면 각 협력업체가 직접 통합 모델에 업로드할 수 있는 소프트웨어를 사용하고 있는지에 따라 달라질 수 있다(예: Autodesk BIM 360 Glue®). 어느 쪽이든 일반 워크플로우는 비슷하며 회사의 필요에 맞게 조정할 수 있다.

BIM 관리자는 강력한 소프트웨어 운영 스킬을 가지고 있어야 한다. 설계 조정 세션에서 모델을 조작해야 하므로 BIM 관리자는 소프트웨어 시스템을 편하게 잘 다룰 수 있어야 한다.

7. 전체 BIM 프로세스 감독

각 BIM 관련 역할은 BIM PxP에 규정되어 있다. GC는 일반적으로 BIM 직원(BIM 관리자) 한 명 이상이 통합 모델을 유지하고 모든 관련 이해관계자들과 함께 설계 조정 프로세스를 관리하는 등 전체 BIM 프로세스에 대한 감독을 담당해야 한다. BIM 관리자의 업무 중 상당 부분은 서로 다른 프로젝트 관계자 간의 효과적인 협업과 조정을 촉진하는 것과 관련이 있다. BIM 관리자는 일반적으로 설계자와 협력업체가 BIM 문제를 해결하기 위한 주요 연락 창구이다. 또한 BIM 관리자는 시공 단계에서 설계 조정 세션을 진행한다. BIM 관리자는 설계 조정을 위한 통합 모델을 준비하고 초기 간섭 체크 분석 및 그룹화를 수행하여 설계 조정 회의가 원활하게 진행될 수 있도록 한다.

8. 팀원에게 성과 불이행에 대한 책임 묻기

GC의 프로젝트 관리자는 BIM 관리자로서 BIM 프로세스를 감독하고 팀원들이 성과에 대해 책임을 지도록 하는 역할을 담당한다. GC는 설계 조정 프로세스의 대리인이 기술적 스킬과 사회적 스킬을 모두 갖추고 있는지 확인해야 한다. 이들은 광범위하고 다양한 성격을 가진 사람들과 경험 수준을 고려하여 작업해야 하기 때문이다. 예를 들면 협력업체는 최소한의 3D 모델링 경험을 가지고 있을 수 있지만 GC의 BIM 관리자는 여전히 설계 조정을 위해 각 모델을 통합 모델에 통합해야 한다. 참가자들은 GC의 BIM 관리자가 정한 조정 일정에 전념해야 한다. 본 챕터의 앞부분에서 제시한 Figure 5.1은 GC가 회의 전/후 작업을 포함하여 프로세스 초기에 개략적으로 설명하는 특정 작업의 예제 워크플로우이다. BIM 관리자는 모든 참가자들이 문제를 사전에 표시하고(직무 범위에 영향을 주지 않더라도) 팀 토론에 문제를 제기하고, 해결책을 제안하고, 적시에 후속 조치를 취해야 하는 협업 환경을 조성해야 한다.

각 설계 조정 회의가 끝난 후 각 협력업체는 모델 제작용 소프트웨어에서 각자의 범위를 수정하고, 새로운 모델을 BIM 관리자에게 보내 개정으로 인해 발생할 수 있는 새로운 간섭을 확인해야 한다. 수정된 모델은 다음 주 설계 조정 회의에서 검토된다. 참가자는 주요 조정 문제의 히스토리(시간, 원인, 토론, 진행, 해결책 및 합의)를 명확하게 문서화해야 한다. BIM 관리자는 이러한 내용을 지속적으로 추적해야 하지만 팀 전체도 적극적으로 기여해야 한다. 이 과정은 건설 모델에 대한 이슈에 대해 모든 당사자가 합의할 때까지 계속된다.

5.3 타 이해관계자와의 창구

GC는 협력업체, 설계자 및 건축주와 같은 모든 프로젝트 팀과 상호 작업을 하게 된다. 다음으로 BIM과 관련된 주요 창구에 대해 살펴본다.

5.3.1 건축주

GC가 선택되면 건축주는 GC가 개발한 BIM PxP를 검토, 평가 및 논평하여 건축주의 기대와 부합하는지 확인해야 한다. 건축주 조직의 BIM 표준이 마련되어 있는 경우 BIM PxP에 대한 요구 사항이 해당 표준에 포함되어야 한다. 미국의 일반적인 관행은 특히 설계 조정과 관련하여 GC가 건설 분야에서 BIM 구현을 주도하고 있지만, 건축주는 설계자에게도 BIM PxP를 요구할 수 있다.

프로젝트가 진행되면 건축주는 정기적으로 모델을 확인하거나 매주 설계 조정 세션에 참여해야 한다. 특히 BIM과 관련된 킥오프 미팅은 설계 단계와 전체 설계 팀 및 모든 주요 컨설턴트와 함께 진행하는 것이 좋다. 첫 번째 회의는 설계 팀과 BIM 책임자가 주도해야 한다. GC 또는 시공 책임자가 선정되면 두 번째 회의를 개최하고 설계팀, GC팀,

주요 협력업체 및 건설업을 포함시켜야 하며 GC 팀과 BIM 책임자가 주도해야 한다. 건축주가 필요하다고 판단할 경우 건축주가 추가적인 BIM 검토 회의를 소집할 수 있다. 이러한 회의에는 BIM PxP 규정 준수 검사, 통합 모델에 대한 육안 검사, 설계 조정 프로세스의 검토 등이 포함될 수 있다. 또한, 건축주의 대리인이 있는 경우 대리인은 매주 GC의 BIM 관리자가 주도하는 설계 조정 세션에 참석할 수 있다. 건축주는 또한 건축주와 설계자 간, 건축주 및 GC 간 두 개의 별도 계약이 체결되어 있다고 가정할 때 디자이너와 GC 간 모델 전달이 용이하도록 조정해야 한다.

5.3.2 설계자

건축주가 설계 팀에게도 BIM PxP를 개발하도록 선택할 경우, GC는 건축주가 설계자 및 GC와 별도의 계약을 체결하는 납품 방법을 가정하여 BIM PxP가 설계 팀의 BIM PxP와 연계되도록 조정해야 한다.

GC는 BIM 설계 조정 세션의 많은 부분을 운영하고 있지만, 설계자는 적어도 한 명의 BIM 관리자를 고용해야 할 수도 있다. 설계자 측의 BIM 관리자는 설계 및 시공 단계에서 설계 모델을 업데이트할 책임이 있다. GC 측의 BIM 관리자는 설계자의 BIM 관리자를 설계와 관련된 BIM 문제 해결의 대상으로 이용한다. GC는 설계 조정 과정 동안 설계 의도가 유지되도록 하기 위해 협력업체 또는 다른 설계자의 정보 요청(RFI)을 설계자에게 전달할 수 있다. RFI로 인해, 설계자는 RFI에 변경 요청에 대한 승인/불인정으로 응답해야 하며 모든 설계 변경 사항을 기본 모델에 반영해야 한다.

5.3.3 협력업체

GC는 설계 조정의 효율성을 보장하는 데 중요한 역할을 하며 대부분의 프로세스를 주도하게 된다. GC의 BIM 관리자는 특히 설계 조정과 관련하여 BIM 관련 프로세스와 절차를 개략적으로 설명하는 프로젝트의 BIM PxP를 개발할 것이며, 건축주의 승인을 받아야 한다. GC의 BIM 관리자는 건축주 및 프로젝트의 요구 사항에 맞게 계획을 조정할 책임이 있다. 이러한 조정 계획은 전체 건설 단계에서 모든 BIM 관련 프로세스 및 문제에 대한 지침 문서가 될 것이다. GC에 의해 프로젝트에 협력업체가 서명하기 전에 BIM의 사용이 계약 언어로 명시되어야 한다. 각 협력업체는 성공적인 설계 조정을 위해 GC의 BIM PxP에 설명된 BIM 관련 프로세스를 준수해야 한다. 각 협력업체는 3D/BIM 기술자 또는 해당 총괄 프로젝트 매니저를 고용하여 설계 조정 세션에 참석하고 모든 모델 간섭을 해결해야 한다.

프로젝트가 시작될 때, GC는 프로젝트 내 BIM과 관련된 기대 사항과 우선순위를 명확하게 설명하면서 모든 협력업체와 회의를 개최하게 된다. GC는 프로젝트 진행 중 설계조정 세션(일반적으로 주 단위)을 진행하며, 협력업체 기록 모델링 및 결과물을 관리하고, 파일공유/조정 소프트웨어를 관리한다. GC는 또한 설계 조정 과정 동안 설계 의도가 유지되도록 하기 위해 협력업체 또는 다른 설계자의 RFI를 설계자에게 실시간으로 알린다.

각 설계 조정 세션 후, BIM 기술자는 모델에서 논의된 변경 사항을 구현하게 된다. 종종 협력업체들은 설계 조정 세션 동안에도 변경을 하게 되는

데, 어느 쪽이든 각 협력업체는 다음 설계 조정 세션을 위해 모델이 업데이트되고 건설 실행을 위해 설계 변경 사항이 전달되도록 해야 한다.

5.4 사례 연구: 미국 남부의 아카데미 건축물

본 사례 연구는 특히 설계 조정과 관련하여 GC의 관점에서 프로젝트의 BIM 구현을 설명한다. 이 프로젝트는 미국 남부에 있는 한 아카데미 건축물이다. GC가 리스크 시공 관리자(CM@R)로 고용되었기 때문에 GC와 총괄 설계자는 소유주와 별도의 계약을 체결했다. 이 건물은 430,000ft^{2}가 넘는 열린 공간과 유연한 대화형 학습 공간을 갖추고 있으며, 최첨단 실험실, 개방 및 폐쇄된 학습 공간, 카페테리아, 도서관을 갖추고 있다. 건물의 남쪽에는 300석 규모의 큰 강당이 붙어 있다. 이 복합시설은 2015년 착공해 2017년 8월 사실상 준공됐다.

Figure 5.4에서 볼 수 있듯이 이 건물은 고품질의 제품을 보장하기 위해 적절하게 운영되어야 하는 복잡한 시스템 통합을 포함하여 만들어졌다. MEPF(기계, 전기, 배관 및 화재 보호) 조정 관점에서 BIM 사용이 도움이 된 가장 복잡한 부분은 시설의 빌딩 시스템을 수용하는 데 사용된 천장 내부 공간의 조정이었다. 연구실에서는 매우 제한된 공간에 모두 맞는 덕트, 배관, 서비스, 전기, 배기, 방화, 보안 및 제어가 필요했다. 이러한 복잡한 조정 문제로 인해 소유주는 GC와의 계약에 BIM 사용을

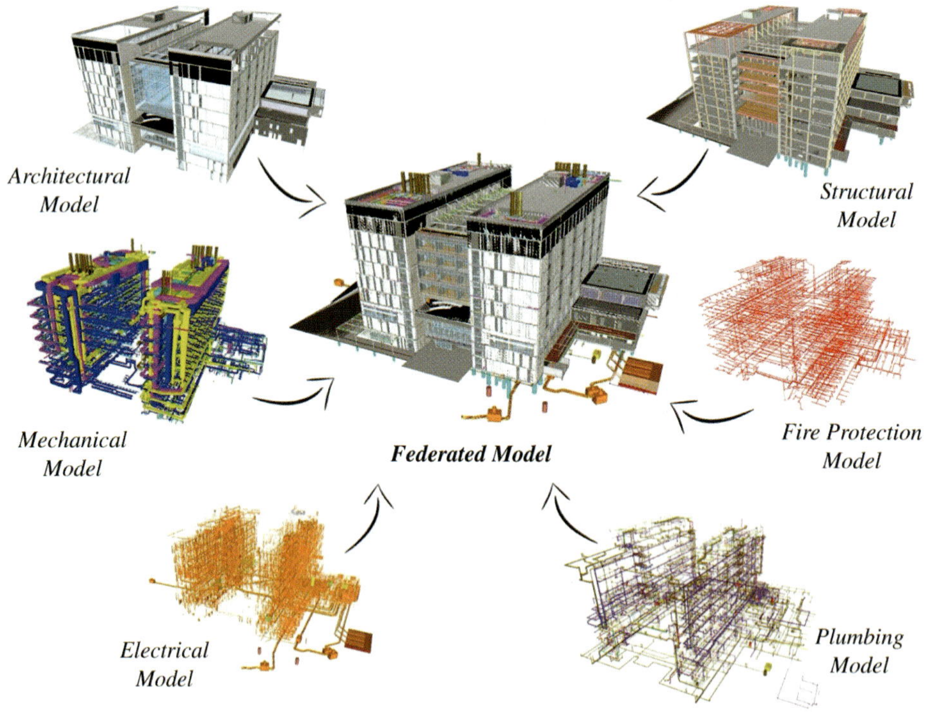

Figure 5.4 연합 모델
출처: Image courtesy Hensel Phelps

규정하게 되었다. GC를 대신하여 BIM을 사용하는 목표도 이러한 계약 목표와 일치한다.

전반적으로, 이 프로젝트에는 약 23명의 전문가가 BIM 실행작업에 참여했다. 일반적으로 각 역할은 BIM PxR에 규정되었으며 GC는 BIM 관리자와 프로젝트 관리자, 두 명의 BIM 담당자를 고용해야 했다. BIM 관리자의 유일한 책임은 시공 조정 모델을 적절하게 유지하는 것이었다. BIM 관리자는 건축가/엔지니어(A/E)이자 협력업체의 주요 연락 창구였으며 건설 단계에서 조정 회의를 진행하였다. 조정 회의를 위한 모델을 준비하기 위해 BIM 관리자는 협력업체의 모델을 작성하고 파일 공유 및 소프트웨어 조정을 관리하여 각 모델이 적시에 통합 모델과 통합되도록 했다. 이러한 원활한 파일 공유를 통해 간섭체크 및 시공성 분석을 정확하게 실행할 수 있었다. 프로젝트 관리자는 BIM 프로세스를 감독하고 팀원에게 성과 불이행에 대한 책임을 묻는 책임을 맡았다.

건축가/엔지니어는 또한 적어도 한 명의 BIM 관리자를 고용해야 했다. A/E의 BIM 관리자는 시공 단계에서 설계 변경 사항을 반영하여 설계 모델을 업데이트해야 했다. GC BIM 관리자는 A/E BIM 관리자를 설계와 관련된 BIM 문제에 대한 창구로 사용했다. BIM 조정을 시작할 때 설계자들은 구조 및 MEPF 시스템의 3D 모델을 제공했고 각각의 시스템 건설에 협력하는 것은 협력업체의 책임이었다.

협력업체가 프로젝트에 서명하기 전에, BIM의 사용이 계약에 규정되었다. 각 협력업체는 BIM PxP에 따라 BIM 계획의 실행에 참여해야 했다. 각 협력업체는 모델 회의 및 조정 회의에 참석하고 모든 모델 간섭을 해결할 책임이 있는 3D 기술자 및 총괄 프로젝트 관리자를 고용해야 했다. 조정 회의가 끝난 후, BIM 정비사는 조정된 모델에서 논의된 변경 사항을 구현했다. 이때 각 협력업체는 다음 조정 회의를 위해 모델이 업데이트되고 건설 실행을 위해 설계 변경 사항이 전달되도록 할 책임이 있다.

성공적인 협업의 핵심은 명확한 커뮤니케이션과 실행이다. 따라서, 협력 전략은 BIM PxP(그리고 상자 삽입물에 표시)에 명시되어 있으며, Table 5.2에서와 같이 GC, 설계자, 협력업체가 따라야 할 조정 일정도 간략히 정리되어 있다.

협력업체는 GC의 BIM 관리자가 조립한 통합 모델이 항상 최신 상태인지 확인하기 위해 매주 월요일 모델을 납품할 책임이 있었다. BIM 조정 회의가 매주 화요일에 열렸고, 파일 공유 프레임워크는 BIM 관리자에 의해 초기에 구축되었으며, 구

Table 5.2 회의 유형과 빈도

회의 유형	프로젝트 단계	빈도	참석자
BIM 킥오프	사전 시공 단계	한번	GC, 설계자, 건축주
BIM PxP 검토	시공	매달	GC, 설계자, 건축주
시공과정 검토	시공	매주	GC, 설계자, 건축주
BIM 조정 미팅	시공	매주	GC, 설계자, 협력업체

체적인 파일 공유 규약은 BIM PxP에 명시되었다. 협력업체가 월요일에 모델을 업로드한 후 GC의 BIM 관리자는 각 모델을 Autodesk Navisworks® 관리자로 가져와 프로젝트의 통합 모델을 만들었다. BIM 관리자는 이 통합 모델에 대한 초기 간섭 체크를 실시했다. 주간 조정 일정을 통해 BIM 조정 회의에 참여하는 이해관계자들은 공사가 진행되는 동안 건물 모델의 각 층에서 몇 주씩 공사를 진행할 수 있었다. 조정을 위해 GC는 설계 조정 세션에서 중간 정도의 논의를 위해 사용되는 요소의 위계를 설정하였다. 이 위계는 다음과 같다;

1. 주요 구조 요소
2. 건축요소
3. 주요 라인(배관)
4. 전기 버스 덕트
5. 기계식 덕트
6. 난방, 환기, 공조(HVAC)
7. 직경이 4" 이상인 전기, 데이터, 통신 및 제어 장치
8. 소화 배관
9. 지름 4" 이상의 구리 배관
10. 공기압 관
11. 지름 4" 미만의 구리 배관

목록의 위쪽에 있는 시스템에 우선 순위가 부여되어 있다. 어떤 시스템을 이전해야 하는지에 대해 협력업체의 의견이 다를 경우, BIM 관리자와 프로젝트 관리자는 비용과 시간 효율성을 기준으로 의견을 제시해야 했다. 간섭에 대한 해결책은 시스템을 이동할 때 발생하는 간섭 및 잠재적 시공성 문제를 방지하기 위해 신중하게 검토되었다.

조정 변경 사항은 GC의 BIM 관리자에 의해 기록되었으며, 협력업체는 회의에서 논의된 결정을 반영하기 위해 자체 모델 제작 소프트웨어로 모델을 업데이트하는 업무를 담당했다. 이 프로세스는 모든 협력업체가 간섭 방지 모델을 승인할 수 있을 때까지 프로젝트의 각 레벨에 대해 반복되었다. 그 후에야 협력업체들은 통합되고 조정된 모델에서 설명된 작업을 실행할 수 있었다. GC는 Figure 5.5와 같이 각 협력업체가 합의된 장소에 작업물을 설치하도록 보장하기 위해 프로젝트에서 품질보증/품질관리(OA/QC) 검토회를 실시하였다.

GC는 이 프로젝트의 설계 조정을 위한 BIM 구현에서 다양한 수준의 3D 모델링 기술을 갖춘 협력업체를 상대하고, 설계자로부터 3D 모델을 받아야 하는 등 몇 가지 과제에 직면했다.

프로젝트의 협업 전략에 대한 BIM PxP 설명

BIM 프로세스는 모든 당사자들이 서로 자유롭게 협력할 때 가장 성공적이다. BIM 검토 및 조정 회의를 자주 개최하게 되면 이 프로세스가 전체 프로젝트에 도움이 될 수 있다. 커뮤니케이션은 BIM PxP에 요약된 회의에만 국한되어서는 안 된다. 문제 해결을 위한 지속적인 커뮤니케이션은 BIM 작업 흐름의 효율성을 크게 높일 것이다.

Figure 5.5 설치작업 시 GC BIM매니저의 QA/QC

본 사례 연구에서 BIM 구현의 정교함의 수준을 통해 불과 10년 사이에 BIM 사용 측면에서 업계가 얼마나 발전해 왔는지를 보여준다. 이 사례 연구를 챕터 3에 제시된 사례와 비교하면 현저한 차이를 알 수 있다. BIM은 프로젝트 시작 시 건축주에 의해 본 사례 연구대상으로 지정되었다. 이때 챕터 3의 사례를 기준으로 BIM은 GC를 위한 실험 및 학습 도구로서 더 많이 구현되었다. 디자인 조정 시 협력업체가 사용한 것도 아니며 그들은 간단히 테이블 위에서 2D로 조정하기로 했었다. 본 챕터의 사례 연구에서 GC는 BIM PxP를 개발했는데, 이 당시만 해도 미국에서 BIM PxP를 사용하는 것은 흔한 일이 아니었다. GC와 협력업체는 지난 10년 동안 설계 조정을 위해 BIM을 구현했을 때 얻을 수 있는 많은 이점은 서서히 관찰했으며, 이로 인해 업계 전반에서 BIM의 사용이 증가하게 되었다. 10년도 더 전에 Hartmann(2008) 등의 연구진은 프로젝트에서는 BIM을 1~2개의 적용 영역에만 사용한다는 것을 문서화하였다. Mostafa와 Leite(2018)는 Hartmann 등의 방법론을 복제하여 28건의 최근 사례 연구에 적용한 결과, 평균적으로 4개의 적용 영역에 대해 프로젝트가 BIM을 구현하고 있었으며, 이들은 설계 조정이 가장 많이 구현된 분야이기도 했다. 프로젝트의 더 많은 기능과 적용 영역을 위해 BIM을 사용하는 것 외에도, 이해 관계자들이 프로세스를 공식화하려고 시도했다는 사실은 업계의 BIM 구현 성숙도를 보여주는 명백한 지표이다.

5.5 요약 및 논의 사항

이 챕터에서는 프로젝트의 BIM 프로젝트 실행 계획(PxP) 수립부터 시작하여 GC 및 VDC 조정자에 대한 구체적인 지침과 설계 조정 과정에서 VDC 조정자/BIM 관리자의 역할과 책임을 다뤘다. 또한 VDC 팀이 건축주, 설계자 및 협력업체와 같은 다른 프로젝트 팀과 논의하는 인터페이스에 대해서도 다뤘다. 아카데미 건축물에 대한 사례 연구가 제시되었으며, 설계 조정과 관련된 VDC 프로세스에서의 GC 역할에 대해서도 설명했다.

이 챕터를 읽은 후, 다음에 대해서 생각해 보시오.

1. 설계 조정 워크플로우의 일부인 시공사 주도 활동은 무엇인가? 각각 설명하시오.
2. BIM 기반 설계 조정을 지원하는 시공사의 최소 3가지 BIM과 관련된 책임을 설명하시오.
3. 왜 BIM 매니저가 소프트웨어 및 기술적 스킬 둘 다 가지고 있는 것이 중요한가?
4. 시공사가 협력사와 어떻게 상호작용하는지 설명하시오.
5. 시공사가 설계사와 어떻게 상호작용하는지 설명하시오.
6. 시공사가 건축주와 어떻게 상호작용하는지 설명하시오.
7. 챕터 3의 사례 연구로 돌아가서 지난 10년간 발전한 BIM 구현의 측면에서 챕터 5의 사례 연구와 비교하시오.

References

Eastman, C., P. Teicholz, R. Sacks, and K. Liston. 2011. BIM Handbook: A Guide lo Budding Information Modeling for Owners, Managers, Designers, Engineers and Contractors(2nd ed.). Hoboken NJ· John Wiley and Sons.

Hartmann, T., J. Gao, and M. Fischer. 2008. "Areas of Application for 3D and 4D Models on Construction Projects." Journal of Con–struction Engineering and Management 134 (10): 776–785.

Mostafa, K., and F. Leite. 2018. "Evolution of BIM Adoption and Implementation by the Construction Industry Over the Past Decade: a Replication Study." In Proceedings of the 2018 Construction Research Congress, New Orleans, LA, 180–189. ASCE. https://doi.org/10.1061/9780784481264.018.

Chapter 6

설계자 및 엔지니어를 위한 구체적인 지침

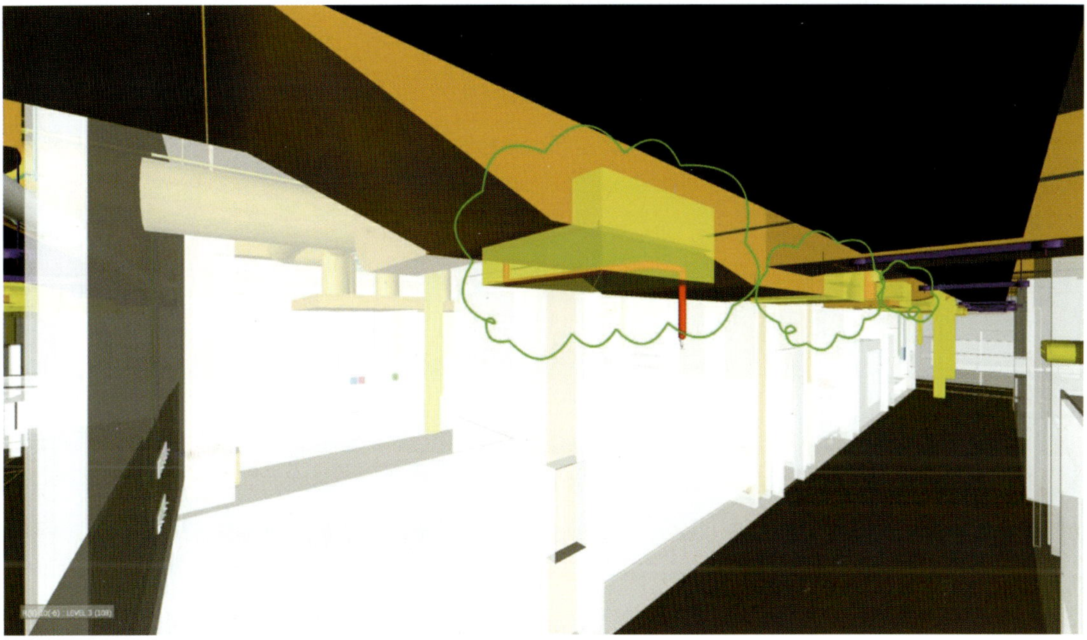

6.0 개요

건축가, 엔지니어, 건축 엔지니어 및 설계 컨설턴트를 포함한 설계자들은 설계 조정 프로세스의 기본 모델 역할을 하는 설계 모델을 생성할 책임이 있다. 또한 설계 조정, 시공성 평가 또는 기타 설계 변경에 기초하여 시공 단계 중에 설계 모델을 업데이트하게 된다. 이 챕터에서는 설계 조정에 관련된 설계자를 위한 구체적인 지침을 다루고 설계자의 역할과 책임에 대해 논의한다. 또한 설계 팀이 VDC팀 뿐만 아니라 협력업체 및 소유주와 같은 기타 프로젝트 이해 관계자들과 어떻게 상호작용하는지도 설명한다. 증축 프로젝트의 사례 연구가 제시되며, BIM에 공정 정보를 통합하는 데 필요한 정보를 설명한다. 시공 가능성 검토 프로세스의 현재 관행과 설계 단계에서 이 프로세스를 구현하는 데 필요한 과제를 문서화하는 방법을 설명한다. 사례 연구에서는 설계자에 의해 생성된 모델이 시공성 검토를 위한 기본 모델 역할을 할 수 있는 방법을 보여준다.

6.1 소개

건축, 엔지니어링 및 건설(AEC) 산업과 기존 조달 구조(예: 설계 입찰–Build)에 의해 만들어진 분할된 조직구조에 의해 설계 프로세스와 시공 프로세스는 순차적으로 분리된다. 이러한 단편적인 특성으로 인해 정보가 손실되거나 중복되는 경우가 많게 된다. 또는 부정확하거나 생산성 손실, 일정 지연, 비용 초과, 소송 증가, 불만족스러운 생산 품질 등을 야기하기도 한다(de la Garza, 1994). 2002년 미국 자본 설비 산업의 부적절한 상호운용성으로 인한 연간 비용은 158억 달러로 예측되었다(Gallaher et al., 2004). 2019년 기준으로 물가상승률을 조정해보면 미화 208억 달러에 육박할 것으로 추산된다. 프로젝트 참가자 간의 협업과 프로세스 간의 통합의 중요성은 널리 인정되어 왔다(Gallaher et al., 2004). 최근 수십 년 동안 설계의 시공성을 높이기 위해 건설 정보를 설계 개발 과정에 포함시키는 데 초점을 맞춘 상당한 연구 노력이 있었다(예: Odeh, 1992; Dzen, 1995; Aalami, 1998; Wang & Leite, 2012). 여기서 시공가능성은 건설 프로젝트의 성공에 결과적인 영향을 미치는 주요 요인으로 간주되기 때문이다(CI, 1993; Waly & Thabet, 2002). 일반적으로 설계 전문가가 시공 관행, 국지적 고려사항, 다양한 자원의 가용성 및 시공 방법(Waly & Thabet, 2003)에 대해 거의 지식과 경험이 없다는 사실을 포함한 여러 요인들로 인해, 설계에 대한 시공 가능성 지식의 통합은 효율적인 커뮤니케이션과 설계, 시공팀 간의 공동 작업을 필요로 한다.

빌딩 정보 모델링(BIM) 및 가상 설계 및 시공(VDC)과 같은 정보 기술은 이러한 협업 환경과 설계–구축 통합에 상당한 지원을 제공하며 AEC 업계에서 설계 품질 및 관리 효율성을 개선하는 데 점점 더 많이 사용되고 있다(Eastman et al., 2011). 미국 건축 업계에서 현재 BIM의 사용은 설계 또는 작업연결 조정과 같은 소수의 작업으로 제한되었다(Hartmann & Fisher, 2007; Becerik–Gerber & Rice, 2010; Mostafa & Leite, 2018). BIM의 정보 공유 능력은 설계 단계에서 설계자와 건설자 간의 원활한 커뮤니케이션 측면에서 충분히 활용되지 못하고 있다. 복잡한 기계, 전기, 배관 및 방화(MEPF) 시스템을 갖춘 건물에서 일하는 한 BIM 엔지니어는 이를 "가상 환경에서는 5파운드짜리 가방에 10파운드의 재료를 넣을 수 있다."고 설명하고 있다. 즉, 복잡하고 난해한 MEPF 시스템을 사용하는 프로젝트에서 객체는 모델에 완벽하게 맞을 수 있지만 시공성 또는 설치 문제로 인해 현장에 설치되지 못하기 때문에 설계 모델에 부적절한 프로세스 고려가 포함되었음을 추가로 시사하는 표현이다. 더욱이, 현재 모델 저작 도구는 여전히 실시간 협업 메커니즘과 시공성 문제를 모델에 통합할 수 있는 수단이 부족하다. 이를 위해 설계자가 잠재적 시공성 문제를 능동적으로 식별하는 데 도움을 줄 수 있는 스마트 모델 등이 별도로 있다.

시공가능성 검토는 설계가 실질적으로 완료된 후 시공 전 계획 단계에서 시공사(GC)와 협력업자에 의해 실시된다. 필요한 설계 변경이 필요한 경우 건설업자가 설계자에게 정보 요청서(RFI)를 발행한다. 설계자는 RFI에 변경 요청에 대한 승인/불승인으로 응답한다. 설계자들은 총 근무 시간의 40~50%를 설계 변경에 사용한 것으로 추정되었다(Koskela, 1992).

최근에는 정보기술(IT)을 활용한 제품-프로세스 모델 통합(Karhu, 1999; Wang & Leite, 2016)을 위한 노력이 증가하고 있지만, 대부분 시공 전 계획을 위해 개발된 제품 모델에 순서나 비용 등의 시공 프로세스 정보를 포함시키는 데 초점을 맞추고 있다. AEC 산업의 동시적인 엔지니어링에 대한 이전의 연구는 전문 건설업자의 조기 참여와 같은 설계 과정에 공정 정보를 고려하는 전략을 제공하는데, 이는 초기에 참여한 전문 GC(Gil et al., 2000a)와 설계 문서의 연기된 업무(Tommelein et al., 1991)와 같은 것들이다. 설계 모델에서 시공가능성 정보 입력의 중요성을 강조했음에도 불구하고, 이전의 연구는 BIM을 통한 설계자와 건설자 간의 실제 상호작용에 대한 충분한 지침을 제공하지 못하고 있다. 초기 설계에서는 어떤 지식기반을 가진 건설회사가 기여할 수 있는지 쉽게 이해할 수 있지만, 그러한 지식을 추출하여 설계 모델에 표시할 수 있는 방법은 여전히 불분명하다.

설계는 고객 요건뿐만 아니라 시공성, 사용성 및 유지관리성 측면에서 시공 및 운영 프로세스를 책임지기 때문에 설계 과정에서 가능한 한 빨리 이러한 이슈를 고려하는 것이 중요하다(Womack et al., 1990, 323; Ward et al., 1995). 사전 건설 단계에서 이루어지는 계획 결정은 모든 프로젝트의 성공적인 실행과 완료를 위해서 마찬가지로 중요하다(Waly & Thabet, 2002). 제조 설계(DFM)라고도 불리는 동시적 엔지니어링(CE)은 제조 산업의 제품 개발 단계에서 제조 가능성을 평가하는 효과적인 관행으로서 널리 인정되어 왔다(de la Garza, 1994). 설계의 프로세스 효율성에 대한 통찰력을 제공하기 위해서는 설계 프로세스 초기에 전문 건설업체와 제작업체도 참여해야 한다(Gil et al., 2000b). Glavinich(1995)는 시공 프로세스 동안 시공가능성을 개선하고 설계 관련 문제를 줄이는 두 가지 방법을 설명했다. (1)설계 단계 스케줄링 및 (2)자체 설계 단계 시공성 검토. Lottaz 외 연구진(1999)은 프로젝트 참가자들이 너무 일찍 작업을 수행하지 않고도 설계 솔루션의 공간을 개선할 수 있도록 지원하는 인터넷 기반 SpaceSolver를 개발했다. 린 제조방식의 원칙에 따라 Gil et al.(2000a, 2000b)은 초기 설계 단계와 시공의 통합을 제안하고 초기 설계에 전문 건설업자의 참여하는 것을 지지했다.

과거에는 설계와 공정 계획을 연계하기 위해 많은 노력을 기울였지만, 전문 건설업자의 시공 지식을 생산 모델과 연계하여 초기 설계 단계에서 활용할 수 있는 방법은 여전히 이용하기 쉽지 않다. 제조업에서는 조직에서 공급업체와 직접 협력하도록 인력을 이동하고, 공급업체에서 일하는 사람들이 조립 공장에서 일할 수 있는 여건을 조성하고, 공급업체가 설계에 조기에 참여할 수 있도록 인센티브를 제공하는 등 다양한 관행이 채택되었다(Gil et al., 2000a) 따라서 아직 충분히 탐구되지 않은 연구 영역인 IT의 지원을 받아 동시적 엔지니어링을 촉진할 수 있는 가능성이 크다.

이 챕터에서는 설계 조정에 관련된 설계자를 위한 구체적인 지침을 다루고 설계자의 역할과 책임에 대해 논의할 것이다. 또한 설계 팀이 VDC팀 뿐만 아니라 GC, 협력업체 및 소유주와 같은 다른 프로젝트 이해 관계자들과 어떻게 상호 작용하는지도 설명한다. 증축 프로젝트의 사례 연구가 제시되며,

BIM에 공정 정보를 통합하는 데 필요한 정보를 설명한다. 시공성 검토 프로세스의 현재 관행과 설계 단계에서 이 프로세스를 구현하는 데 필요한 과제를 문서화할 것이다. 여기서의 사례 연구는 설계자에 의해 생성된 모델이 시공성 검토의 기본 모델 역할을 할 수 있음을 보여준다.

6.2 설계 조정 과정에서 디자이너의 역할

설계 조정은 복수의 프로젝트 이해관계자 간의 협업 프로세스이지만 건축주, 설계자, 일반 도급업체, 협력업체 등의 설계 조정 과정에는 먼저 설계자와 엔지니어의 설계를 제작 모델(LOD 400)에 상세히 기술하는 과정이 포함된다. 이때 MEPF 협력업체의 조립 모델 개발은 설계 서비스가 아니라는 점에 유의해야 하지만, 엔지니어의 설계를 3D로 변환해서 디자인의 효율적이고 비용을 절감할 수 있는 시공 및 설치공정의 공동목표를 수행하게 되는 것이 필요하다. 다시 말해, 엔지니어는 설계를 책임지고 건설업자와 협력업자는 건설 및 설치를 책임진다.

따라서 설계자는 자신의 설계 의도를 간섭없이 제작 가능한 모델에서 유지하는 역할을 수행하게 된다. 이때 설계자는 프로젝트에 서명하기 전에 BIM의 사용이 계약 언어로 명시되어야 할 것이다. 각 설계자와 엔지니어는 프로젝트의 BIM 프로젝트 실행 계획(PxP)에 설명된 BIM 관련 프로세스를 준수하여 성공적인 설계 조정을 보장해야 한다. 설계자는 각 설계 조정 세션 후에 모델에서 논의된 변경 사항을 구현한다. 특히 건축 및 구조 모델이 일반적으로 모든 협력업체 모델에 대한 기준선 역할을 한다는 점에서 다음 설계 조정 세션에 대해 모델이 업데이트되어야 하고, 설계 변경이 적절한 시공 공정 전에 전달되도록 보장해야 한다. Table 6.1은 BIM PxP에 포함될 수 있는 설계자의 역할과 책임을 보여준다.

Table 6.1에 제시된 설계자의 구체적인 책임과 역할은 다음 섹션에 자세히 설명되어 있다.

6.2.1 설계 모델 생성(예: 건축, 구조)

BIM 설계 조정 세션을 시작할 때 설계자는 협력업체에 배포할 수 있는 기본 3D 모델을 GC에 제공해야 한다. 이 모델은 건축 및 구조 시스템을 최소한 포함하는 모델링 수준(LOD 300)이어야 한다. 협력업체는 기본 모델을 사용하여 개별 작업 범위(예: 기계, 전기, 배관 또는 방화)에 대한 3D 모델을 개발할 수 있다.

Table 6.1 BIM PxP에 설정된 설계자의 업무와 책임 샘플

BIM 관련업무	BIM 관련 책임
BIM 매니저	ㅁ 건축, 구조 등의 설계모델 작성 ㅁ 설계 변경시 모델 업데이트 ㅁ 설계 관련된 BIM 이슈의 창구

6.2.2 설계 변경에 따른 모델 업데이트

GC는 BIM 설계 조정 세션의 많은 부분을 운영하고 있지만, 설계자는 적어도 한 명 이상의 BIM 관리자를 고용해야 할 수도 있다. 설계자의 BIM 관리자는 설계 및 시공 단계에서 설계 모델을 업데이트할 책임이 있다. 설계자는 각 설계 조정 세션 후에 모델에서 논의된 변경 사항을 구현하게 된다. 특히 건축 및 구조 모델이 일반적으로 모든 협력업체 모델에 대한 기준선 역할을 한다는 점에서 다음 설계 조정 세션에 대해 해당 BIM 모델이 업

데이트되고 설계 변경에 대한 시공이 수행될 수 있도록 적절한 전달이 되는 것을 보장해야 한다.

6.2.3 설계와 관련된 BIM 문제에 대한 연결 창구

협력업체는 프로젝트의 설계자 또는 엔지니어로부터 설계 도면과 스펙을 받으면 작업을 시작한다. 이때 설계자의 도면내용을 기준으로 협력업체가 샵드로잉과 설치에 필요한 세부 정보를 개발하여 설계자의 설계 의도 및 규정된 시스템 성능이 유지되도록 한다. GC는 설계 조정 과정 동안 설계 의도가 유지되도록 하기 위해 협력업체 또는 다른 설계자의 RFI를 설계자에게 전달할 수 있다. RFI(Request for Information)로 인해 설계 변경이 필요할 수도 있다. 설계자는 RFI에 변경 요청에 대한 승인/불승인으로 응답해야 하고 모든 설계 변경 사항을 기본 모델에 반영해야 한다.

6.3 타 이해관계자와의 창구

또한 설계자는 건축주, GC 및 협력업체와 같은 다른 프로젝트 팀과도 교류하게 된다. 다음으로 BIM과 관련된 주요 창구에 대해 살펴보겠다.

6.3.1 건축주

건축주는 설계 조정 측면에서 프로젝트의 성공을 위해 기초 규칙과 기대치를 조기에 수립함으로써 중요한 역할을 수행하게 된다. 설계팀을 선택하고 나서 디자이너와 GC에서 BIM PxP를 요구하기로 선택한 경우 건축주는 설계자의 BIM PxP를 검토, 평가 및 논평해야 한다. 참고로 미국에서는 특히 설계 조정과 관련하여 GC가 BIM 시행 과정을 주도하고 있는 경우가 많다. 프로젝트가 진행되면 건축주는 정기적으로 모델을 확인하거나 매주 설계 조정 세션에 참여해야 할 것이다.

건축주는 특히 BIM과 관련된 킥오프 미팅을 두 번 실시하는 것이 좋다. 첫 번째 단계는 설계 단계이며, 전체 설계 팀은 물론 모든 주요 컨설턴트와 함께 참석한다. 이 회의는 설계 팀과 BIM 책임자가 주도해야 한다. GC 또는 시공 책임자가 선정되면 두 번째 회의를 개최하고 설계팀, GC팀, 주요 협력업체/건설업체를 포함시켜야 한다. 이 회의는 GC 팀과 BIM 책임자가 주도해야 한다. 건축주가 필요하다고 판단할 경우 건축주가 추가적인 BIM 검토 회의를 소집할 수 있으며,이러한 회의에는 BIM PxP 규정 준수 여부 검사, 통합 모델에 대한 육안 검사, 설계 조정 프로세스 검토 등이 포함될 수 있다. 또한, 건축주의 대리인이 있는 경우 GC의 BIM 관리자가 주도하는 주간 설계 조정 세션에 참석하는 것이 좋다. 건축주의 계약이 건축주와 설계자, 건축주와 GC 간에 두 개의 별도로 체결되어 있다고 가정할 때는 디자이너와 GC 간에 모델 인도 과정을 용이하게 해야 한다.

6.3.2 GC(General Contractor, 시공자)

GC는 BIM 설계 조정 세션의 많은 부분을 운영하고 있지만, 설계자는 적어도 한 명의 BIM 관리자를 고용해야 할 수도 있다. 설계자의 BIM 관리자는 설계 및 시공 단계에서 설계 모델을 업데이트할 책임이 있다. GC의 BIM 관리자는 설계자의 BIM 관리자를 설계와 관련된 BIM 문제의 창구로 사용하게 된다. GC는 RFI를 설계자에게 중계하며 이 RFI로 인해 설계가 영향을 받는 경우 설계자는 이러한 변경 사항을 기본 모델에 반영해야 한다.

6.3.3 협력업체

설계자는 BIM 설계 조정 세션을 시작할 때 건축 및 구조 시스템을 최소한 포함하는 기본 3D 모델을 GC에 제공하여 협력업체에 배포해야 한다. MEPF 협력업체는 기본 3D 모델을 고려한 작업 범위에 대한 자체 3D 모델을 개발하고, GC 설계자 및 기타 협력업체와 설계 조정 과정에서 협업하며, 합의된 조정 모델을 따라 각자의 시스템을 구축하는 책임을 진다. 그러나 GC가 프로젝트에 협력업체들을 적시하기 전에 BIM의 사용이 계약 언어로 명시되어야 한다. 각 협력업체는 성공적인 설계 조정을 위해 GC의 BIM PxP에 설명된 BIM 관련 프로세스를 준수해야 한다.

6.4 사례연구: 시설확장사업

이 사례 연구는 2011년 11월부터 2012년 3월까지 미국에서 건설 중이었던 프로젝트로 원래 박사과정 학생이었던 Li Wang이 2012 European Group Intelligent Computing in Engineering(2012)에서 제시한 증축 프로젝트를 대상으로 수행했다. 이 프로젝트는 기존 건물에 약 10,000ft^{2}의 고밀도 데이터 센터 공간을 추가하는 것이었다. 이 프로젝트에는 6.2MW의 전력, 3,700톤의 냉각 및 8,000평방 피트 독립 실행형 중앙 발전소가 포함되었고 프로젝트 수행방법은 위험수반 건설관리(CM at risk)였다. 프로젝트는 전체를 두 개의 패키지로 나누었는데, 패키지 1은 지하 시설을 포함했고, 패키지 2는 지상 시설을 포함했다.

이 사례 연구의 근거 내용에는 준 형식적인 대면 인터뷰, 문서 분석 및 현장 관찰이 포함되었다. 인터뷰는 프로젝트 관리자, 교육감 및 BIM 조정자와 함께 진행하였다. 분석된 문서에는 건축, 구조 및 MEPF 모델, 공장 도면, 설계 사양, 회의록, 시공 일정 및 RFI를 결합한 마스터 빌딩 정보 모델이 포함되었다. 현장 감리에는 주간 건축주 회의, 현장 감독 회의 및 설계 조정 회의가 포함되었다. 데이터 수집 및 분석에 기초하여, 현재의 관행을 요약하고 설계 단계에서 시공성 검토를 구현하는 과제를 구분하여 제시하였다.

본 사례 연구에서 시공성 검토 프로세스와 관련 활동은 세 가지의 IDEFO 모델로 공식화하여 제시된다.

6.4.1 시공성 검토의 현재 관행

설계 팀은 설계 단계에서 3D 설계 모델, 모델에서 직접 생성된 2D 도면, 기술 문서 및 사양 등 85%의 완전한 시공도서(CD)를 개발했다. 시공 가능성 검토는 시공 전 계획 단계에서 수행되었다.

IDEFO 다이어그램은 시공성 검토 프로세스를 공식화하기 위해 사용되었다(Figure 6.1 참조).

이 사례 연구에서 시공성 검토는 주로 시공 모델 개발과 모델 기반 시공성 검토의 두 프로세스로 구성되었다. 시공 전 단계에서 협력업체는 설계 팀에서 준비한 3D 모델과 2D 도면을 이용할 수 있었다. 모든 설계 모델은 웹 기반 파일 전송 서비스를 사용하여 팀원들에게 배포되었다. 협력업체들은 각자의 작업 범위에 대한 제작 수준 모델(건설 모델)을 생성하기 위한 기준으로 3D 설계 모델을 사용했다(건설 모델 개발 프로세스에 관련된 활동은 챕터 7의 사례 연구에 제시되어 있다).

건설 모델로부터 공장 도면을 생성하기 위해 협력업체를 승인하기 전에, GC는 모델 기반 시공성 검토 과정을 거쳐 현장에서 설계가 간섭 없이 시공 가능함을 확인했다. 시공 전 계획에서 시공에 이르기까지 모든 시공 모델은 Bentley Project Wise를 사용하여 공유되었다. 모델 기반 시공성 검토 프로세스에 대한 활동 수준 IDEFO 모델은 섹션 6.4.2에 제시되어 있다. Figure 6.1에서 '통제' 요소로 나타난 이 BIM 시행 계획은 GC가 프로젝트의 목표 BIM 사용을 해결하고 각 회사의 역할과 책임을 설명하기 위해 개발했다. 조정된 모델이 프로젝트 팀에 의해 승인되면 모델 및 관련 도면과 사양을 제작에 사용할 준비가 된다.

6.4.2 시공 모델 개발

협력업체들은 설계팀이 만든 3D 디자인 모델을 이용할 수 있음에도 불구하고 자체 모델을 개발했다. 이는 시공 모델이 재구축된 이유와 어떤 추가 정보가 포함되었는지 이해하기 위한 것이었고, 데이터 수집에는 두 가지 접근방식이 사용되었다. 그 중 하나는 BIM 엔지니어, 교육감 및 작업반장과의 준 형식적 인터뷰였고, 다른 하나는 시공 및 설계 모델 간의 모델 비교 분석이다. 인터뷰와 모델 비교 분석의 결과를 종합하여 IDEFO 다이어그램에 제시하여 건설 모델 개발 과정을 설명하였다 (Figure 6.2).

첫 번째 단계는 시공도면을 기반으로 시설을 개조하는 것이다. BIM 시행 계획의 요구 사항에 따라 시공 모델은 정확한 배치와 치수(형태와 크기)를 갖춘 설계 모델에 3D 객체를 포함해야 한다. 모델의 비교를 위해 설계 및 시공 모델을 겹쳤지만 배관 배열과 시스템 배치에서 약간의 기하학적 차이가 확인되었다. 리모델링 공정에서의 시스템 배치는 100% 정확하지 않을 수 있으므로, 협력업체는 편차가 사전 설정된 오차 이내인지 확인해야 했다. 이 오차를 '모델 오차'라고 하며, 사양에 따라 작업연결에서 다른 현장 오차와는 다를 것이다. 이 모델 오차는 모델 객체가 3D 시공 BIM에 배치될 때의 정확성을 측정하는 척도가 된다. 이 프로젝트에 존재하는 모델의 최대 허용 오차는 1/16인치(약 1.6mm)였다. 설계 리모델링 동안 설계자가 시

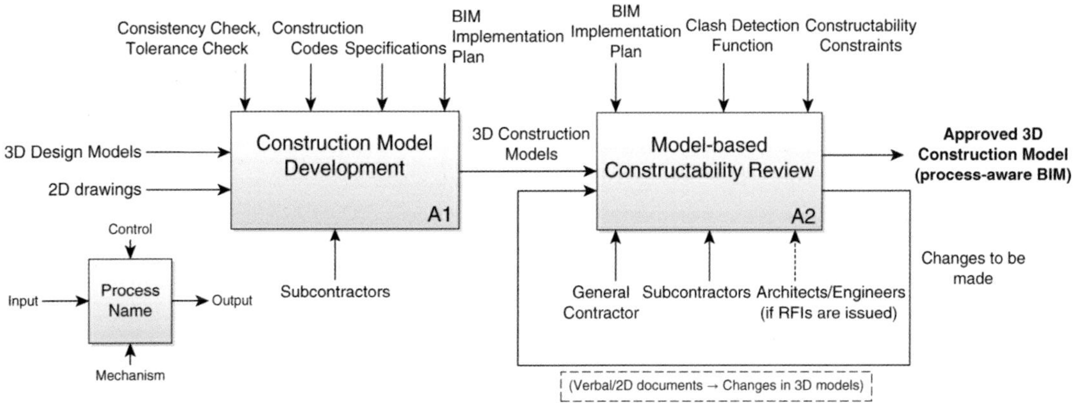

Figure 6.1 시공성 검토 프로세스의 IDEFO 다이어그램

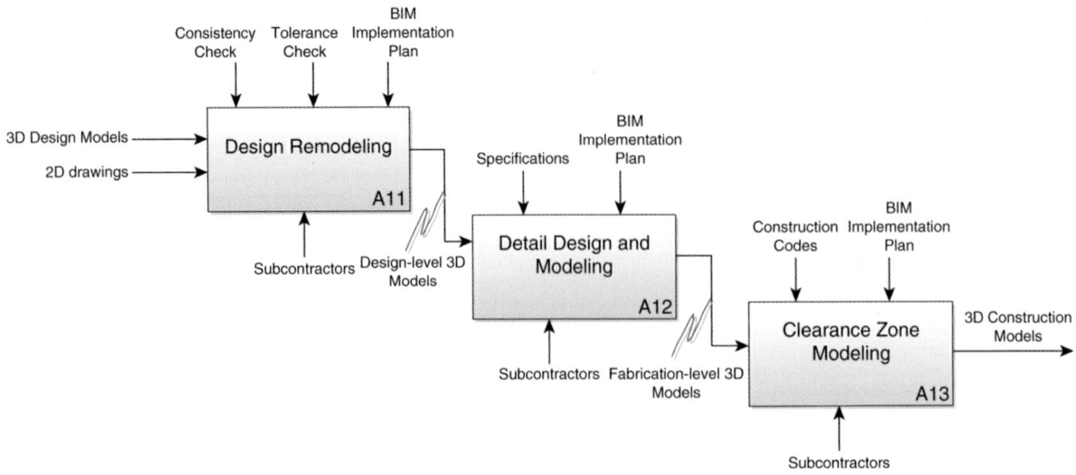

Figure 6.2 시공모델 개발 프로세스(A1)의 IDEF0 다이어그램

스템 선택을 도급업자에게 맡길 때 협력업자는 일부 시스템의 치수를 변경할 수 있는데, 이에 대한 사례 연구의 한 예가 Figure 6.3에 나와 있다. 도급업자는 설계에 표시된 것보다 더 큰 펌프를 선택했으며, 이 펌프 역시 사양에 따라 허용되었다. 실제 크기로 펌프를 모델링하는 과정에서 협력업체는 펌프와 인근 모델 객체 사이에 간섭이 있음을 발견했으며, 이에 따라 시공가능성 문제를 피하기 위해 펌프를 약간 왼쪽으로 이동시켰다.

두 번째 단계(A12)는 시공 모델에 상세 및 상세 시스템 설계 수준을 추가하는 것이었다. 설계 모델에서는 보통 시공 모델에 비해 디테일이 줄어든다. 설계자 및 엔지니어의 작업 범위에는 설계 모델의 도서수준에 디테일 정보들을 제공하는 것이 포함되지 않았다. 이에 대한 책임 및 유연성은 시스템 디테일을 설계하고 의도된 요소를 실현 가능한 방식으로 구성하는 적절한 방법을 식별하기 위해 협력업체에 맡겨졌다. 예를 들어 직경 1inch(약 2.5cm) 이상의 모든 요소는 MEPF가 관리하는 모든 시스템에 대해 모델링해야 하지만 설계 모델에는 3inch(약 7.6cm) 이상의 기계적 배관만 포함되어야 한다. 또한 설계자가 모델링할 전문 지식이 없거나 A/E의 책임 밖에 있었기 때문에 설계 모델에 표현되지 않았거나 완전히 누락된 시스템도 있었다. 이러한 한 가지 예는 건설 모델에서만 제공되는 방화 시스템 설계였다.

세 번째 단계(A13)는 다른 시스템이 존재할 수 없는 영역인 허용오차 구간을 모델링하는 것이었다. 이 프로젝트에서 모델링된 허용오차 구간에는 코드화된 허용오차, 액세스 영역 및 시공 가능성 문제로 인해 비워 두어야 하는 기타 공간이 포함되었다. Figure 6.4는 전기 박스 주위에 모델링된 코드화 허용오차 구간의 예를 보여준다. 작업 구역은 운영 및 유지보수를 위해 접근이 필요한 장비를 중심으로 모델링 되었다(Figure 6.5). 접근 구역의 한 예는 Figure 6.5에 나타나 있으며, 노란색 객체는 패널 도어 주변의 접근 구역과 변동 영역을 나타낸다.

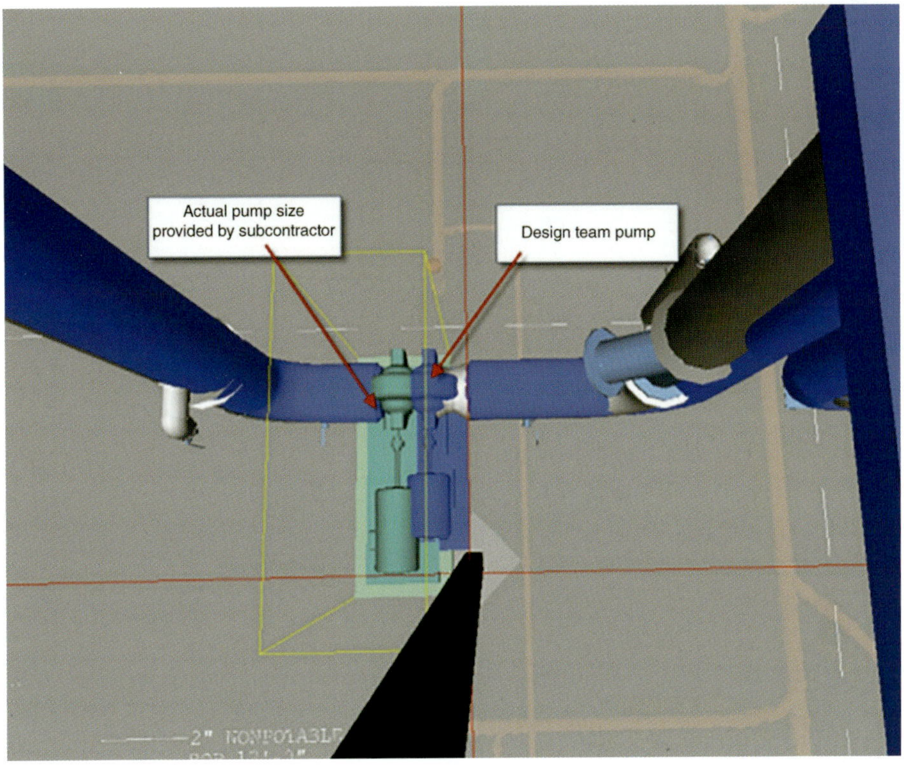

Figure 6.3 펌프의 시공 모델과 설계 모델 사이의 크기 및 위치 차이

설계자와 건설 BIM의 주요 차이점은 디테일의 수준이다. 왜냐하면 설계자는 건설업자에게 유연성을 제공하거나 디테일을 모델링하기에 충분한 정보가 없기 때문이다. 또 다른 중요한 차이점은 건설업자에 의한 프로세스 모델링이다. 허용오차 구간 및 접근 경로와 같은 공간은 건설 모델의 협력업자에 의해서만 모델링될 수 있다. 여기서의 차이는 대부분 보충 정보이기 때문에, 설계 모델을 시공성 검토에 필요한 디테일 수준으로 수정하고 업그레이드할 수 있다. 상세 시스템 설계 및 프로세스 표현을 위한 정보를 추가함으로써 시공성 검토 프로세스의 입력 요건을 설계 단계에서 충족할 수 있다.

6.4.3 모델 기반 설계 검토 프로세스

시공성 검토 과정에서는 간섭 및 시공성 문제가 시공 모델에서 해결될 수 있다. GC는 협력업체가 공장 도면을 생성하는 것을 승인하기 전에, 여러 협력업체가 개발한 모든 시공 모델을 하나의 통합 모델로 결합하여 모델 기반의 시공성 검토 과정을 거쳤으며, 다양한 작업 간의 기존 간섭 또는 시공성 문제를 확인하고 모든 잠재적 문제를 해결하였다. 모델 기반 설계 검토 프로세스는 Figure 6.6에 설명되어 있다.

BIM 엔지니어는 협력업체로부터 모든 건설 모델을 받은 후 Autodesk Navisworks Manage®를 사용하여 모델(A21)을 결합하고 자동 간섭 체크

Figure 6.4 전기박스 주변에 모델링 된 허용오차 구간

(A22)를 실행했다. 자동 검사를 실행하여 모델의 모든 간섭을 식별했는데, 수천 건의 간섭이 그러한 결과로 나타날 수도 있다. BIM 엔지니어에 따르면 자동으로 확인된 간섭의 거의 50%가 거짓 긍정이라고 하는데, 가장 중요한 단계는 거짓 긍정을 제거하고 실제 간섭을 식별하는 것이었다(A23). 가장 일반적인 거짓 긍정에는 허용 가능한 간섭과 이중 계수가 포함된 간섭이 포함된다. 허용 간섭의 한 예는 부착 목적을 위해 천장의 구조강을 통과하는 배관을 위한 설치용 달대였다. BIM 엔지니어가 확인한 실제 간섭은 조정 회의에서 논의되었다.

GC는 매주 월, 수, 금요일 아침에 BIM 조정 회의(A24)를 개최했는데 이 회의의 목적은 작업 간의 간섭을 최소화하고 시공성을 보장하는 설계를 만드는 것이었다. 회의에서 BIM 엔지니어(GC의 일부)는 관련 협력업체와 각각의 확인된 간섭을 확인하면서 시공성 문제와 가능한 해결책을 관련 협

Figure 6.5 패널문 주변의 진입 구간과 문열리는 공간

력업체와 논의했다. 주요 변경 사항이 있을 경우 RFI가 발행되었고 A/E는 변경이 가능한지 여부를 확인했다. 각 회의가 끝난 후 협력업체는 확인된 변경 사항을 다루었고, 모델을 업데이트했으며, 수정된 모델을 GC에 보냈다. 그리고 추가 변경이 없을 때까지 설계 검토의 또 다른 반복 작업이 수행되었다. 이때 조정된 모델이 프로젝트 팀에 의해 승인되면 모델 및 관련 도면과 사양을 제작에 사용할 준비가 된다.

이 프로세스를 공식화하는 주요 과제는 대부분 시각적 확인을 통해 수행되는 시공성 제약 조건이라는 제어와 관련된다. 대부분의 건설 프로젝트에서 작업간의 약한 간섭(즉, 불충분한 작업 공간, 불충분한 자원 할당 및 시간-공간 간섭)을 식별하는 현재의 접근 방식은 현장기반에 있다. 이러한 약한 간섭은 보통 모델 시각화의 도움으로 경험 중심적 사고 과정을 통해서도 확인된다. 요소 간에 물리적 간섭이 없는 경우 약한 간섭이 발생하지만 설치 프로세스 중에는 시공성 문제가 발생하게 된다. 예를 들어 기계 협력업체는 설계 시 기계실에 냉각수 파이프가 들어가는 배관 배치를 통해 파이프에 플랜지를 용접할 수 있는 좁은 공간을 확보하여 플랜지의 용접을 용이하게 할 수 있는 또 다른 배치 설계를 제안했다. 전문 건설업자는 효율적인 건설을 위해 초기 설계 시 고려해야 할 공간 요구 사항에 대한 경험과 지식을 보유하고 있다. 이러한 지식은 장비 및 자재를 들여오기 위한 접근 경

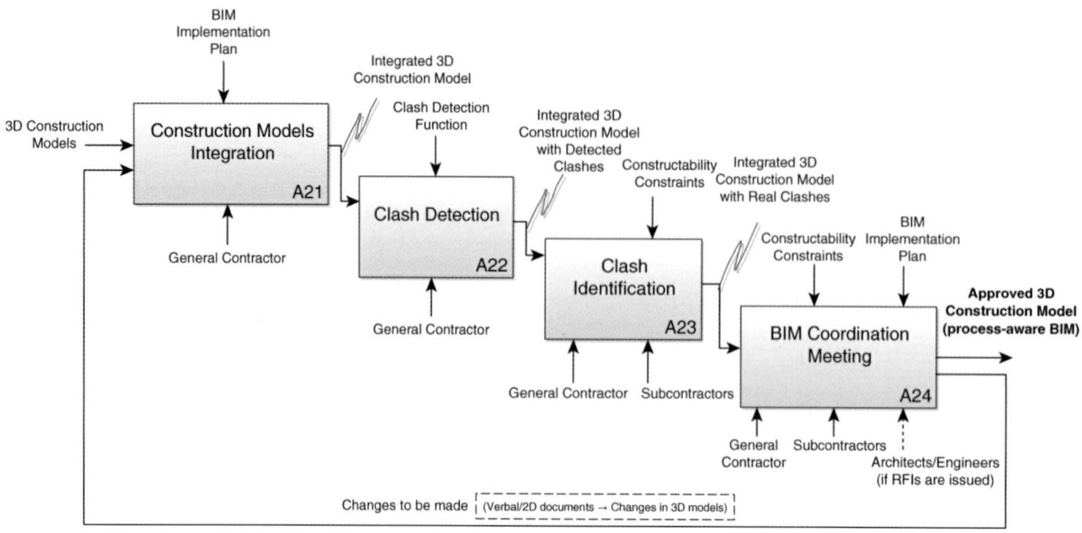

Figure 6.6 모델 기반의 시공성 검토 프로세스(A2)의 IDEF0 다이어그램

로, 경로 주변의 여유 공간 등과 관련이 있으므로 근로자는 안전하게 작업하고 이동할 수 있다. 초기 설계에 전문 건설업자의 노하우가 들어가게 되면 설계자가 비효율적이거나 제작할 수 없는 솔루션을 개발하지 못할 수 있다.

강한 간섭체크 메커니즘은 설계 단계에서 쉽게 사용할 수 있다. 그러나 육안 검사는 경험과 관찰 능력에 따라 달라지기 때문에 구현하기가 쉽지 않다. 설계 과정에서 설계자는 협력업체와 동일한 경험을 가지고 있지 않으므로 암묵적 지식을 컴퓨터 해석 가능한 프로세스로 변환하는 공식화된 시공성 방법이 필요하다. 이러한 암묵적 지식은 명시적으로 존재하지 않으며 쉽게 표현하기 어려운 것이다. (Wang & Leite, 2012) Hanlon 및 Sanvido(1995)가 보고한 바와 같이,시공성에 대한 지식의 83%는 암묵적 지식이며, 이는 전문가들의 머리에 존재한다. 반대로 명시적 지식은 개개인으로부터 좀 더 독립적으로 만들어지는 지식 안에 있다. 이러한 명시적 지식은 암묵적 지식에 비해 같은 조직에서 일하는 사람들 간에 공유하고 소통하는 것이 더 쉽다. 암묵적 지식을 명료하게 표현하거나 시뮬레이션할 수 있는 명시적 지식으로 변환함으로써, 설계단계에서 시공성 검사 프로세스를 따라할 수 있다.

이러한 전환을 위한 한 가지 접근 방식은 모델링 허용오차 박스, 설치 경로, 작업 공간 및 임시 구조물과 같은 객체 형태로 정보를 표현하는 것이고, 또 다른 해결책은 시공 전 단계에서 시공 가능성 검토의 경험을 통해 배우는 것이다. 시공성 검토는 반복적인 과정이기 때문에 학습된 경험의 원천으로 생각할 수도 있다. 건설 팀은 규칙에 대한 명확한 설명과 함께 제안된 솔루션을 원래 설계와 비교하면서 시공성에 대한 여러 문제를 문서화하는 것이 중요하다. 그러나 조정 회의에서 생성된 논의와 정보는 공식적으로 문서화되지 않는 경우가 많다. 비공식적 문서의 단점과 위험은(1)의

사결정의 기준 자료 부족, (2)정보에 대한 제한된 접근, (3)과정 중에 생성된 지식의 손실이다. 지식이 문서화되지 않으면 배우기 어렵다. 하지만 작업 간의 협업 과정에서 생성된 정보를 보다 효율적이고 정확하게 추적하고 기록할 수 있는 커뮤니케이션 및 문서화 도구를 사용한다면 이러한 문제를 해결할 수 있다.

본 사례연구는 증축공사의 시공성 검토를 위한 정보요구조건을 기술한 것이다. 현재의 시공성 검토 프로세스는 3개의 IDEFO 다이어그램에 설명되어 있다. 사례 연구는 설계자에 의해 생성된 모델이 시공성 검토를 위한 기본 모델 역할을 할 수 있음을 보여준다. 운영 수준에서의 조정을 위해서는 세부적인 시스템 설계 및 프로세스 모델링이 필요하다. 시공성 평가 프로세스의 메커니즘은 공식화될 필요가 있다. 설계 단계에서 협력업체의 암묵적 지식에 대한 의존도를 줄이기 위해서는 추론 메커니즘을 공식화해야 하고 현재의 시공성 검토 프로세스에 대한 상세한 문서관리도 반드시 필요하다. 이러한 결론은 BIM을 사용하여 설계 팀과 건설 팀 간의 정보 교환, 생성 및 전환을 조사하는 것을 목표로 하는 추가 연구의 기초가 된다. BIM은 이러한 정보를 공식화하고 IT의 지원을 받는 반자동화된 시공성 검토 프로세스를 개발하기 위해 사용될 것이다.

6.5 요약 및 논의 사항

이 챕터에서는 BIM 기반 설계 조정에 관련된 설계자를 위한 구체적인 지침을 설명하고 설계자의 역할과 책임에 대해 논의했다. 또한 설계 팀이 VDC 팀 뿐만 아니라 협력업체 및 발주자와 같은 다른 프로젝트 이해 관계자들과 어떻게 상호 작용하는지도 설명했다. 증축 프로젝트의 사례 연구가 제시되었고, 시공 가능성 검토 프로세스의 현재 관행과 설계 단계에서 이 프로세스를 구현하는 데 필요한 과제를 문서화함으로써 공정 정보를 BIM에 통합하는 데 필요한 정보를 설명하였다. 이러한 사례 연구는 설계자에 의해 만들어진 모델이 시공성 검토를 위한 기본 모델 역할을 할 수 있음을 보여준다.

이 챕터를 읽은 후, 다음에 대해서 생각해 보시오.

1. AEC 산업의 단편화된 특성으로 인한 몇 가지 사례는 무엇인가?
2. 시공성 검토 프로세스를 기술하시오. 이것은 보통 언제 열리는가?
3. 베이스 모델은 보통 어떤 분야의 모델로 구성되는가?
4. 전체 설계 조정 프로세스를 지원하는 설계 팀의 3가지 주요 BIM과 관련된 책임은 무엇인가?
5. RFI는 무엇이며, RFI를 설계팀에 누가 전달하는가?

Ward, A., J.K. Liker. J.J. Cristiano, and D.K. Sobek II. 1995. "The Second Toyota Paradox: How Delaying Decisions can Make Better Cars Faster." Sloan Management Review(Spring): 43-61.

Womack, J.P., D.T. Jones. and D. Roos. 1990. The Machine That Changed the World. New York: Harper Collins.

Chapter 7

협력업체 및 제작업체를 위한 구체적인 지침

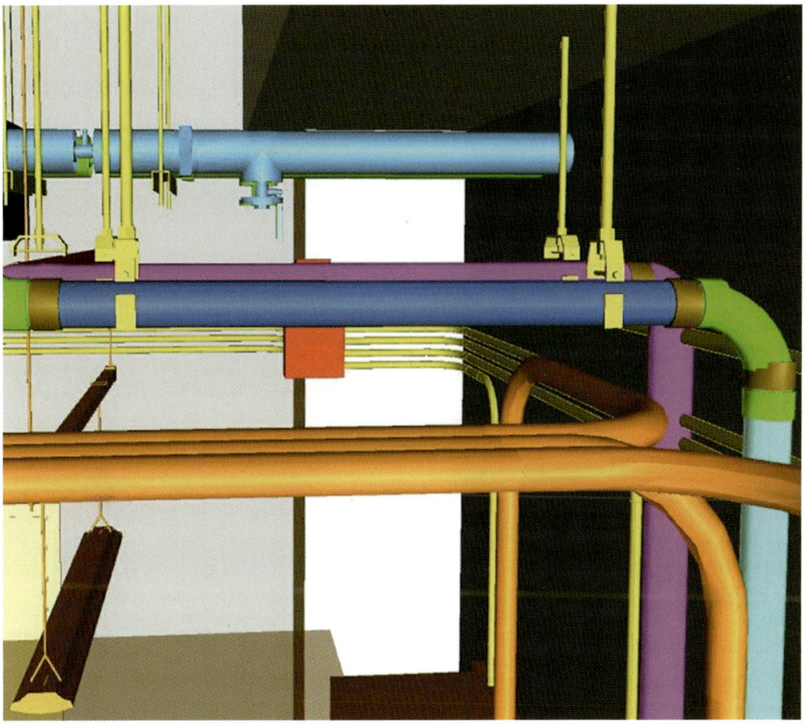

7.0 개요

설계를 조정하는 과정에는 먼저 설계자 또는 엔지니어가 설계 내용을 제작 모델(즉, LOD 400 모델)로 상세히 설명하는 과정이 포함된다. 협력업체가 개발한 조립 모델은 엔지니어의 설계를 3D로 변환한 것으로, 효율적이고 경제적인 디자인의 시공 및 설치를 목표로 한다. 따라서 협력업체와 제작업체는 설계 의도를 간섭없는 조립 가능 모델로 변환하는 고유한 역할을 수행하게 된다. 이 챕터에서는 협력업체와 제작업체를 위한 구체적인 지침을 다루고 설계 조정 과정에서 협력업체와 제작업체의 역할과 책임을 논의한다. 또한 협력업체 및 제작업체가 다른 프로젝트 팀과 상호 작용하는 방법도 설명한다. 그리고 아카데미 건물의 외장재 목업의 사례 연구가 언급되는데 MEPF뿐만 아니라 다양한 유형의 협력업체가 현장의 문제를 최소화하기 위해 가상 설계 및 시공(VDC)을 활용하는 방법을 보여주게 된다.

7.1 소개

전통적으로 MEPF(기계, 전기, 배관 및 방화) 협력업체는 프로젝트의 엔지니어로부터 설계 도면과 스펙을 받으면 작업을 시작한다. 엔지니어의 설계 의도 및 규정된 시스템 성능이 유지되도록 샵 드로잉 및 설치에 필요한 디테일을 개발한 협력업체는 당 설계도에 포함된 정보를 보강하고 상세하게 정리하였다. MEPF 협력업체에 고용된 제도사는 일반적으로 다년간의 현장 경험을 가지고 있으며, 이는 주로 2D 도면과 회의 테이블에서의 작업이었다. 이들의 목표는 간단했는데, 바로 현장에서의 간섭을 피하는 것이었다. 경험 많은 제도사들은 2D로 많은 간섭을 해결했지만, Leite et al.(2011)의 연구에서 지적되고 챕터 3에 기술된 바와 같이, 간섭을 2D로만 표현했을 때 3D로 시각화하려는 인간의 인지적 한계로 인해 많은 간섭을 확인하지 못해왔다. 또한 2D 검토 프로세스는 매우 시간이 많이 걸리고 반복작업이 많았다.

일부 협력업체는 이미 1990년대 중반부터 3D 공간을 활용한 조정 방식을 사용했지만, 대다수는 2000년대 중반 이후 BIM이 광범위하게 채택되면서 3D 공간 조정작업을 사용하기 시작했다. BIM 모델은 1990년대와 2000년대 초에 사용된 3D 모델보다 훨씬 더 많은 정보를 담고 있다. 초기 3D 모델은 MEPF 시스템 구성요소의 형태, 크기 및 위치를 설명할 수 있었다. 반면 BIM은 Figure 7.1에 나온 것처럼 건축 자재, 장비 제조업체, 모델 또는 제품 식별 코드, 유지 관리 정보와 같은 속성 데이터들도 나타낼 수 있다. 가장 중요한 것은 정보가 풍부한 빌딩 정보 모델을 통해 프로젝트 초기 단계에서 설계 조정을 시작할 수 있었다는 점이다.

7.2 설계 조정 과정에서 협력업체 및 제작업체의 역할

설계 조정은 여러 프로젝트 관계자(예: 건축주, 설계자, 시공사 및 협력업체) 간의 협업 프로세스이지만, 설계 조정 과정에는 먼저 엔지니어의 설계를 제작 모델(예: LOD 400)로 상세하게 설명하는 과정이 포함된다. MEPF 협력업체의 조립 모델 개발은 설계 서비스가 아니라는 점에 유의해야 한다. 대신, 효율적이고 경제적인 디자인의 시공 및 설치를 목표로 하는 엔지니어 설계를 3D로 반영한 것이다. 다시 말해, 엔지니어는 설계를 책임지고 건설업자와 협력업자는 건설과 설치를 책임진다.

따라서 협력업체와 제작업체는 설계 의도를 간섭 없는 조립 가능 모델로 변환하는 고유한 역할을 수행한다. 챕터 4와 5에서도 다뤘던 Figure 7.2를 여기서 다시 재점검해보자. 협력업체가 공정의 시작점으로서 설계 조정 프로세스 전체의 효율성을 보장하는 중요한 역할을 수행함을 알 수 있다. 이를 위해 협력업체는 설계 조정 프로세스의 대리인이 3D 모델링 형태의 기술적 능력과 사회적 능력을 모두 갖추고 있는지 확인해야 한다. 다양한 성격 유형과 경험 수준을 가지고 작업해야 하기 때문이다. 예를 들면 GC는 기술에 정통하지만 경험이 부족한 젊은 전문가를 VDC 코디네이터로 지정할 수 있다. 다른 협력업체는 최소의 3D 모델링 경험을 가지고 있을 수 있지만, 설계사는 여전히 해당 협력업체의 모델에 맞춰 조정하는 일을 해야 한다.

프로젝트에 협력업체가 서명하기 전에 BIM의 사용이 계약서에 명기되어야 한다. 각 협력업체는

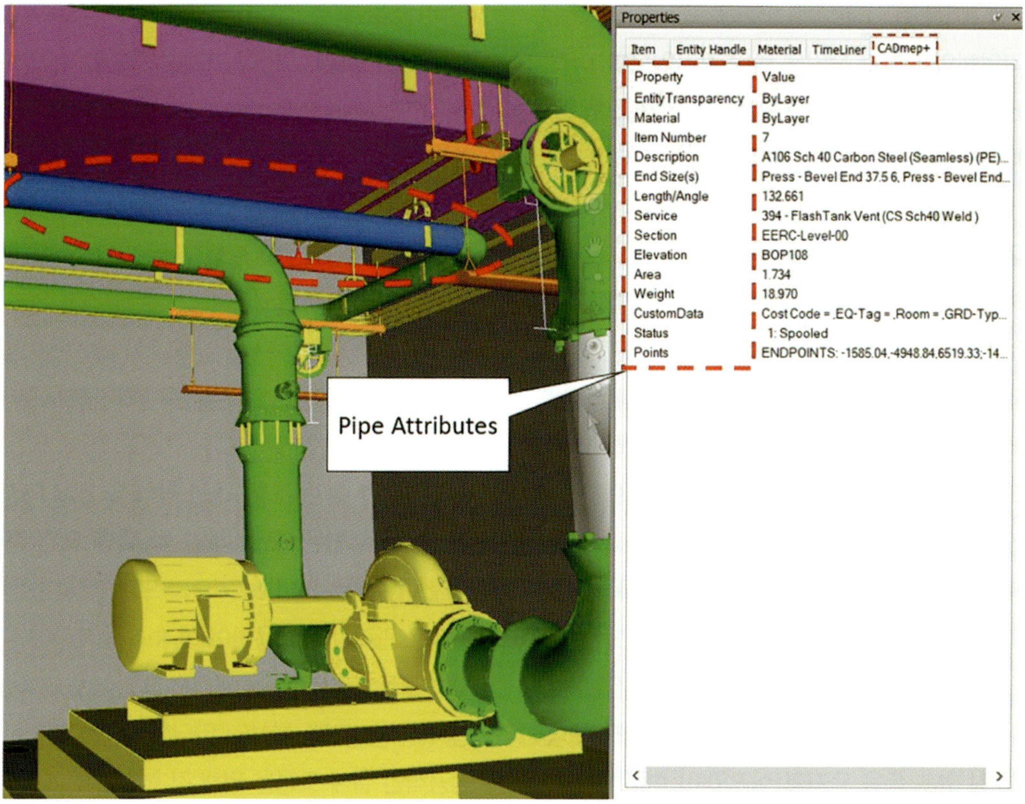

Figure 7.1 파이프 모델 속성의 사례 7.2 설계조정 과정
출처: Image courtesy Hensel Phelps

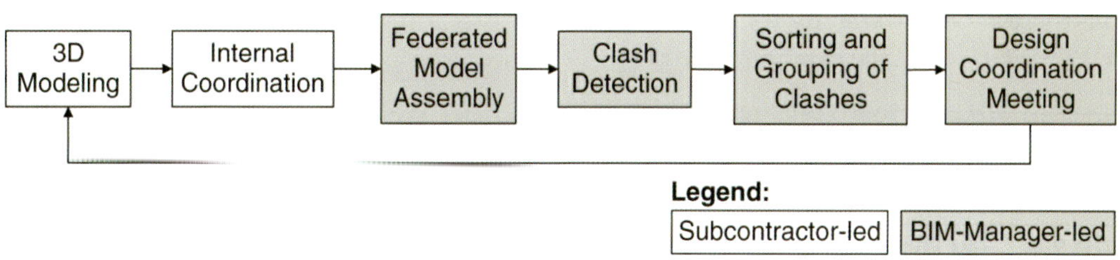

Figure 7.2 설계조정 과정

성공적인 설계 조정을 위해 프로젝트의 BIM PxP(프로젝트 시행 계획)에 설명된 BIM 관련 프로세스를 준수해야 한다(BIM PxP에 대한 자세한 내용은 챕터 2 참조). 각 협력업체는 3D/BIM 기술자 또는 해당 총괄 프로젝트 관리자를 고용하여 설계 조정 세션에 참석하고 모든 모델 간섭을 해결해야 할 책임이 있다. 각 설계 조정 세션 후, BIM 기술자는 모델에서 논의된 변경 사항을 반영해야 한다. 종종 협력업체들은 설계 조정 세션 동안에도 변경을 수행하기도 한다. 어느 쪽이든 각 협력업체는 다음 설계 조정 세션을 위해 모델이 업데이트되고 시공을 위해 설계 변경 내용이 잘 전달되도록 보장해

로젝트의 요구 사항에 맞게 계획을 조정할 책임이 있다. 이렇게 조정된 계획은 전체 건설 단계에서 모든 BIM 관련 프로세스 및 문제에 대한 지침 문서가 될 것이다. 프로젝트가 시작될 때, GC는 보통 모든 협력업체와 회의를 개최하여 프로젝트의 BIM과 관련된 기대와 우선순위를 명확하게 설명한다. GC는 프로젝트 실행 시 설계 조정 세션(일반적으로 주 단위), 협력업체 기록 모델링 및 결과물 관리, 파일 공유/조정 소프트웨어 관리 등의 업무를 수행한다.

GC는 또한 설계 조정 과정 동안 설계 의도가 유지되도록 하기 위해 협력업체 또는 다른 설계자의 정보 요청(RFI)을 설계자에게 전달한다. RFI가 있어야 설계에서 필요한 변경이 이루어질 수 있고 설계자는 RFI에 변경 요청에 대한 승인/불승인으로 응답한다. 이때 모든 설계 변경 사항을 기본 모델에 반영하는 작업 또한 수행한다.

Figure 7.3 작업현장 근처의 협력업체 BIM 스테이션

Figure 7.4 현장에서 태블릿 컴퓨터를 이용한 조정모델 사용

7.3.2 기타 협력업체

모든 협력업체는 BIM PxP에 설정된 모델 개발 및 제출 요구 조건을 따라야 한다. 프로젝트 실행 동안, 협력업체들은 서로 조정된 설계 조정 세션에서(일반적으로 매주) 작업을 상호 조정한다. RFI는 GC를 통해 발급되며 각 협력업체는 설계 조정 세션에 참석하고 모든 모델 간섭을 해결할 책임이 있는 3D/BIM 기술자 또는 해당 총괄 프로젝트 관리자를 고용해야 한다. 협력업체는 다양한 3D 모델링 경험을 가질 수 있으나 설계 조정을 위해서 모두 각자의 모델을 통합 모델에 통합해야 한다.

각 설계 조정 세션 후, BIM 기술자는 모델에서 논의된 변경 사항을 구현하게 된다. 종종 협력업체들은 설계 조정 세션 동안에도 변경을 시행한다. 어느 쪽이든 각 협력업체는 다음 설계 조정 세션에 대해 모델이 업데이트되고 건설 수행을 위해 설계 변경이 전달되는지 확인해야 한다.

7.3.3 설계자

건축주가 설계 팀에게도 BIM PxP를 개발하도록 선택할 경우, GC는 건축주가 설계자 및 GC와 별도의 계약을 체결하는 납품 방법을 가정하여 BIM PxP가 설계 팀의 BIM PxP와 연계되도록 노력해야 한다. 협력업체는 프로젝트의 설계자 또는 엔지니어로부터 설계 도면과 사양을 받으면 작업을 시작하게 된다. 설계자 도면의 정보는 협력업체가 샵드로잉에서 시공작업에 필요한 세부 정보를 개발하여 설계자의 설계 의도 및 규정된 시스템 성능이 유지되도록 해야 한다. GC는 설계 조정 과정 동안 설계 의도가 유지되도록 하기 위해 협력업체 또는 다른 설계자의 RFI를 설계자에게 전달할 수 있다.

7.3.4 건축주

성공적인 BIM 기반 설계 조정을 위한 프로젝트를 수립할 때, 건축주는 GC에 대한 프로젝트 요건과 관련하여 기본 규칙을 설정해야 하고, 그 기본 규칙은 협력업체가 설계자에게 적절하게 전달되어야 한다. 건축주의 요구조건은 GC와의 계약서에 명확하게 명시되어야 하며 BIM PxP에 반영되어야 한다. 상세한 BIM PxP 개발이 이루어지면 모델링 요구조건, 파일 공유 프로토콜, 팀 구성 등 프로젝트에서 BIM 사용에 대한 기대치 측면에서도 프로젝트 팀을 위한 프레임워크가 구축될 것이다.

7.4 사례 연구: 아카데미 건물

프로젝트 2는 두 개의 건물과 150개의 공간이 있는 지하 차고로 구성된 아카데믹 건축물인데 이 두 건물은 약 210,000ft^{2}의 면적을 포함하고 있다. 이 프로젝트의 총 사업비는 9,700만 달러, 공사비는 7,200만 달러로 추산되었고 공사는 2009년에 완료되었다.

이 사례 연구 프로젝트는 미국에서 BIM이 널리 시행되기 시작한 첫 10년쯤에 시작되었는데, 이때 많은 GC가 파일럿 프로젝트로 BIM을 구현하기 시작했었고 이것이 바로 그런 경우에 해당하는 작업이었다. GC는 사내 BIM 경험이 없었기 때문에 설계자가 제공한 2D 도면과 사양을 기반으로 프로젝트 BIM을 개발할 제3자를 고용했다. 이상적으로는 초기 설계 단계부터 모델을 개발하고 실제 건물에 적용하여 설계 팀이 프로젝트를 보다 잘 이해하여 시설을 가상적으로 구축할 수 있도록 해야 한다. 그러나 프로젝트 2에서 수행한 접근 방식은 데이터를 추후에 재입력하는 방식으로 진행되었다.

제3자의 모델러는 85%의 완전한 2D, 구조 및 MEPF 도면으로부터 빌딩 정보 모델의 첫 번째 버전을 제공했다. MEPF에는 1.5"보다 큰 모든 시설 요소들이 포함되었다. 건물의 지하 차고 건설이 진행 중이었을 때, GC는 100% 완전한 도면을 바탕으로 새로운 BIM을 받았다. 이때부터 난방, 배관, 화재 안전, 전기 및 판금 협력업체들은 매주 조정 회의를 하기 시작했다. 협력업체는 건물 정보 모델을 보유하고 있었지만, 대부분의 협력업체가 이 연구가 수행될 당시 3D로 설계하지 않았기 때문에 2D 도면을 회의 테이블에 겹쳐보기 하여 설계를 조정하기로 결정했다. 더욱이 협력업체들은 자신들의 계약에 BIM 요구사항이 없다고 주장했고, 그 결과 모든 조정은 2D 도면에 수행되었다. 협력업체가 2D로 조정하길 원하고 이용 가능한 MEPF 모델이 있다는 점을 생각하게 되었고, 이것이 Leite et al.(2011)의 연구 동기 중 하나가 되었다. 즉, MEPF 설계 조정을 위한 건물 정보 모델에서 필요한 LOD를 조사하기 위해서였다. Leite et al.(2011)의 연구는 실제 프로젝트에 대한 BIM 기반 설계 조정과 2D 기반 설계 조정의 성과를 비교한 몇 안 되는 연구 중 하나라는 점에서 특별한 점이 있다.

GC는 또한 건물 정보 모델을 외장재 시공 협력업자에게 전달했고, 협력업자는 모델의 LOD가 건물 표면의 시공성을 분석하기에 충분하지 않다고 결론을 내렸다. GC가 이 협력업체에 제공한 모델의 LOD에는 각 부재의 연결이 표시되지 않았다. 외장재 협력업체에 따르면 이러한 연결은 외장재에 많은 각자의 고유한 레이어가 있고, 이 프로젝트에 다양한 창문이 있다는 점을 고려할 때 스킨을 어떻게 구축할 것인지를 평가하는 데 필수적이라고 한다.

따라서 프로젝트 2는 두 가지 뚜렷한 분석을 위한 동기를 부여했다. 첫 번째는 모델링해야 할 객체의 수와 다양한 LOD에서 구성 요소를 모델링하는 데 소요되는 시간을 토대로 한 모델링 작업과 관련이 있다. 연구팀은 비교 가능한 모델링 시간을 확보하기 위해 외장재 시공 협력업체가 지정한 요건에 따라 프로젝트 2의 외장재 부분에 대한 두 가지 모델, 즉 타사 모델에 있는 원래 LOD와 제조 LOD에 있는 모델을 개발했다. 두 번째 분석에서는 건물 정보 모델과 수동 간섭체크(즉, 2D 도면 겹쳐보기를 사용한 회의 테이블)를 사용하여 자동 간섭체크를 수행함으로써 감지된 간섭의 정확성과 포괄성에 대한 차이를 다루었다. 자동 간섭체크는 연구팀이 수행하였고, 수동 조정은 프로젝트 협력업체가 조정 회의 중 확인된 간섭에 대한 데이터를 수집하는 방식으로 수행하였다.

챕터 3에는 프로젝트 2에서 수행한 분석 결과가 상세히 설명되어 있다. 이 챕터에서는 외장재의 모형 제작에 BIM을 활용한 첫 번째 분석의 고유한 측면에 초점을 맞출 것이다.

프로젝트 2는 독특한 외장재 설계를 채택하여 이 외장재의 모형을 개발하게 되었다. 이 건물의 표면은 Figure 7.5와 같이 다양한 형태로 조립된 여러 가지 재료로 구성되었고 Figure 7.6에서와 같이 레벨 7과 레벨 8의 평면도를 비교하면 유사한 점이 매우 적다는 것을 알 수 있다.

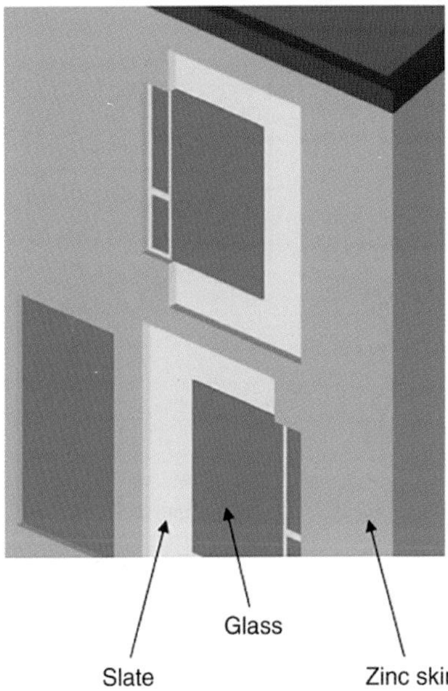

Figure 7.5 외장재 디자인에서 다양한 재료와 여러가지 형태

이것은 이 프로젝트의 독특한 디자인 때문이다. GC는 외장재 시공 협력업체가 BIM 모델에 접근할 수 있는 이점이 있을 것으로 판단하여 BIM 모델을 공유했다. 외장재 시공 협력업체는 모델을 분석한 후, 모델의 LOD가 건물 표면의 시공성을 분석하기에 충분하지 않다고 결론을 내렸다. 원래 모델은 Figure 7.7(원래 LOD)에서와 같이, 각 부재의 연결이 나타나지 않은 LOD 300이었다. 외장재 시공 협력업체에 따르면, 이러한 부재의 연결은 외장재에 많은 고유한 레이어가 있고 이 프로

젝트에 다양한 창문이 있다는 점을 고려할 때 스킨을 어떻게 구축할 것인지를 평가하는 데 필수적이라고 한다. 이러한 분석 하에 GC는 LOD 400에 모델을 제작하기로 결정했으며, 협력업체가 필요로 하는 프로젝트 2의 외장재 부분의 모든 연결 디테일(Figure 7.7의 새 LOD)을 포함시켜 건물 표면을 만드는 방법을 연구하기로 했다. 특히, 모델에는 금속 스터드, 내부 석고, 목재 프레임, Z 채널, 연질 단열재, 경질 단열재, 덮개 채널, 플래싱, 시멘트/알루미늄 패널, 아연 시트, 아연 창문 테두리, 창문 및 커튼월 등이 포함되었으며, 총 240개의 객체가 생성되었다.

LOD 400 모델은 외장재 시공 협력업체가 현장에서 외장재의 실물 크기의 시제품 제작, 다양한 연결 디테일 및 방수 테스트, 관련 활동에 대한 건설 생산성 평가 등을 위해 사용했다. Figure 7.8은 작업자가 목업 제작을 하는 것과 아연 외장재 및 연결부의 디테일을 보여주고 있다.

연구팀은 LOD 모델링 노력 분석을 수행하기 위해 동일한 모델의 두 버전을 모두 보유할 기회를 가졌고 이는 Leite et al.(2011)과 챕터 3에 설명되어 있다. 두 버전을 모두 모델링하는 동안 각 구성요소 유형을 모델링하는 데 소요된 시간이 기록되었다. 또한 모델의 두 가지 버전에 있는 객체의 수도 기록되었다. LOD 400 모델은 프로젝트 2의 BIM 전체 버전(제3자가 개발)에서 LOD와 동등한 LOD 300 모델과 비교되었다.

프로젝트 2에서 연구팀은 건물의 동일한 부분에 대한 두 가지 버전을 서로 다른 용도로 모델링하여 비교했다. 시각화 목적으로 제작된 첫 번째 버전은 정확한 LOD 모델로 구성되었는데 프로젝트

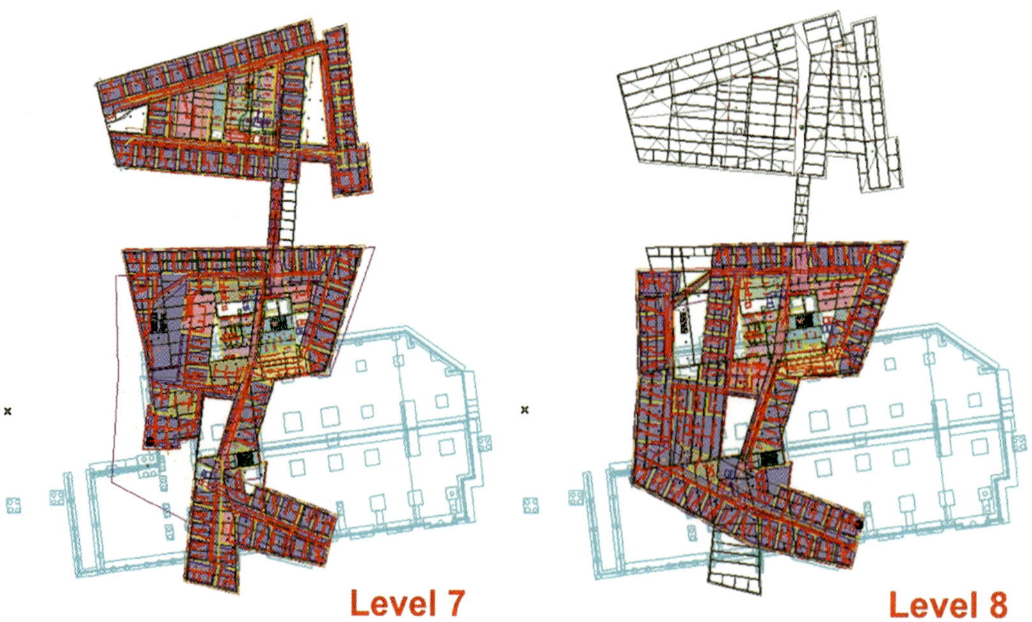

Figure 7.6 독특한 형태의 각 층 평면

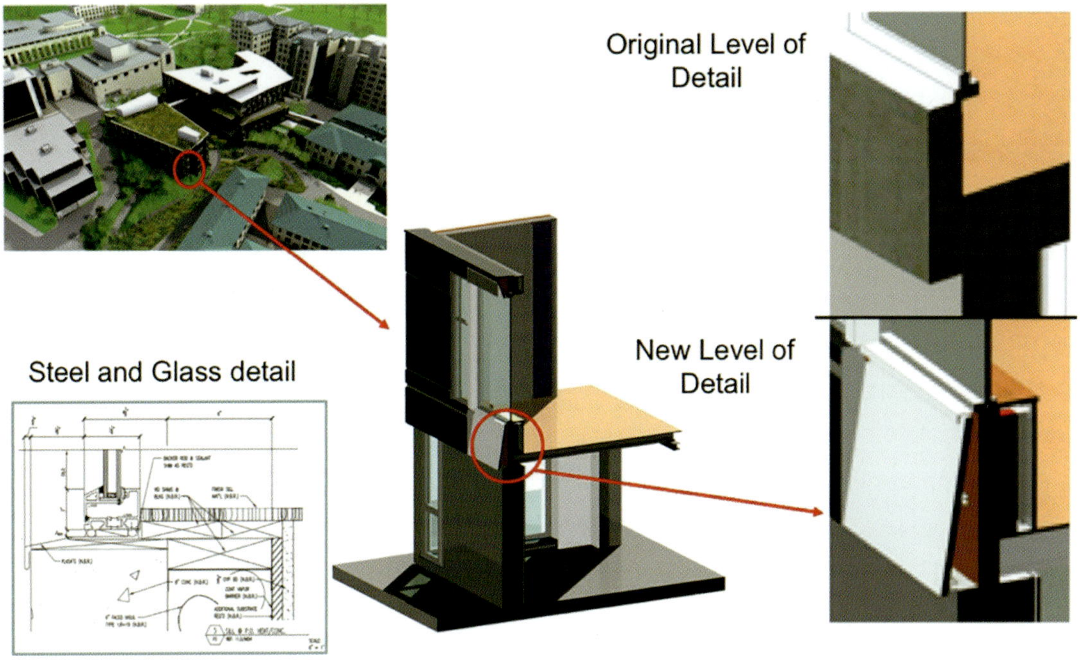

Figure 7.7 외장재 목업 모델

Figure 7.8 외장재 목업 조립

엔지니어가 제공한 2D 도면을 이해하는 데 걸리는 시간을 포함하여 모델링에 3시간이 걸렸다. 이 버전에는 벽, 슬라브 및 창을 포함한 총 12개의 객체가 포함되어 있으며 각각 단일 객체로 모델링되었다. 이 모델의 LOD 400 버전은 주로 외장재 협력업체가 연결을 검토하기 위해 제작되었으며, 모델링에 34시간이 걸렸다(LOD 300 모델의 11.3배). 이 버전에는 벽, 슬라브 및 창 부품과의 연결을 포함하여 총 240개의 객체가 포함되어 있다. 프로젝트 2의 결과는 LOD의 증가로 인해 객체당 모델링 시간이 단축된다는 것을 보여주고 있다.

외장재 시공 협력업체는 LOD 400 모델에 대한 액세스 권한을 확보함으로써 작업 범위를 명확히 시각화하고 이해하는 데 도움이 되었으며 물리적 제조를 시뮬레이션 하는 데 필요한 부품을 식별할 수 있었다고 주장했다. LOD 400 모델은 실물 모형 제작의 초기 비용 없이 VDC 평가의 역할을 수행하기도 했다. 이러한 상황에서는 모델이 설계 단계 초기에서부터 제작 및 시공 시퀀스에 이르기까지 사용되었기 때문에 특히 유용하다. 외장재 시공 협력업체는 제작 사양, 성능 준수, 조립 및 설치 절차 등을 개발할 수 있었다. 목표는 시공성 문제를 식별하고 실제 건물 표면의 조립을 위한 생산성을 향상시키는 것이었다. 또한 초기 시공성 분석을 통해 현장의 문제를 예방할 수 있었으며, 이로 인해 이미 초기 프로젝트 지연으로부터 일정을 맞출 수 있는 방법을 모색하고 있던 프로젝트에서 추가적인 지연이 발생할 수 있음을 인지했다.

7.5 요약 및 논의 사항

이 챕터에서는 협력업체와 제작업체를 위한 구체적인 지침을 개략적으로 설명하고 설계 조정 과정에서 협력업체와 제작업체의 역할과 책임을 논의하였다. 또한 협력업체와 제작업체가 GC, 설계자, 건축주 및 기타 협력업체를 포함한 다른 프로젝트 팀과 어떻게 상호 작용하는지도 설명했다. 아카데미 건물의 외장재 실물 모형 사례 연구가 발표되었으며, MEPF뿐만 아니라 다양한 유형의 협력업체가 현장의 문제를 최소화하기 위해 VDC를 활용할 수 있는 방법을 보여주고 있다.

이 챕터를 읽은 후, 다음에 대해서 생각해 보시오.

1. 설계 조정 워크플로우의 일부인 협력사 주도 활동은 무엇인가? 각각 설명하시오.
2. 다음 문항이 참인지 거짓인지 설명하고, '협력사의 제작 모델 개발은 설계용역이 아니다'라는 답변에 대해서 설명하시오.
3. BIM 기반 설계 조정을 지원하는 협력사의 최소 세 가지 BIM과 관련된 책임을 설명하시오.
4. 협력사들이 시공사와 어떻게 상호작용하는지 설명하시오.
5. 협력사들이 디자인 팀과 어떻게 상호작용하는지 설명하시오.
6. 협력사들이 다른 협력사와 어떻게 상호작용하는지 설명하시오.
7. 이 장에 제시된 외장재 사례 연구에서 어떻게 BIM 사용이 현장에서 발생할 수 있는 문제를 잠재적으로 최소화할 수 있는지에 대해 논의한다.

References

Leite, F., A. Akcamete, B. Akinci, G. Atasoy, and S. Kiziltas. 2011. "Analysis of Modeling Effort and Impact of Different Levels of Detail in Building Information Models." Automation in Construction 20(5): 601–609. https://doi.org/10.1016/j.autcon.2010.11.027.

Chapter 8

다른 산업 분야의 BIM 기반 설계 조정

8.0 개요

지금까지 기술된 것 중 대부분은 상업시설 건설 프로젝트에서의 경험에 기초하고 있다. 그러나 대부분의 개념과 프로세스는 건설의 전체적인 부문에 광범위하게 적용되며 설계 조정 그 자체로도 마찬가지이다. 따라서 이 챕터에서는 이러한 흐름을 설명하는 것을 목표로 한다. 이 챕터에서는 중공업 및 사회기반시설 같은 다른 산업 부문이 설계 및 현장 조정을 위해 빌딩 정보 모델링(BIM)을 어떻게 활용했거나 활용할 수 있는지 설명한다.

8.1 소개

BIM 기반 설계 조정 작업의 대부분이 상업용 건설에 집중되어 왔다는 점을 감안하여, 본 챕터는 중공업 및 인프라 분야와 같은 다른 분야에서 BIM 기반 설계 조정의 새로운 응용 분야에 대해 집중적으로 다룰 예정이다. 목표는 이전 챕터에서 논의된 개념이 현장 조정과 같은 다른 기능뿐만 아니라 다른 분야에도 적용이 가능하다는 것을 보여주는 것이다.

BIM이라는 용어는 다른 부문에서는 사용되지 않는 경우가 많다. 인프라 부문에서는 토목 정보 모델링, 인프라 BIM, CIM(토목 통합 관리)이라는 용어가 사용되었다. 이 모든 사항은 BIM과 대략적으로관련되어 있으며 섹션 8.2에서 보다 자세히 논의될 예정이다. 산업 분야에서 BIM과 관련된 가장 일반적인 용어는 단순히 3D 모델링에 한정된다. 하지만 3D 모델링이라는 용어를 사용할 때는 기하학과 속성 데이터 정도만 의미하는 것으로 이해할 수 있다. 이에 대해서는 섹션 8.3에 자세히 설명하겠다.

8.2 BIM 기반 설계 조정 및 인프라 프로젝트 분야

미국에서는 BIM 구현 면에서 가장 뒤처져 있는 부문이 인프라 부문일 것이다. 대부분의 프로젝트에서 DOT(Department of Transportation)는 일반적으로 프로젝트 진행 중에 유지보수 및 운영에 대한 정보를 관리하기 위해 종이 또는 전자 문서를 사용한다. 전자 정보는 상업용 또는 맞춤형 개발 독립 실행형 시스템에서 관리되지만 일반적으로 DOT의 여러 기능 영역에 통합되지 않았기 때문에 전체적인 자산 관리에 방해가 되기도 한다. 일부 DOT는 시스템 내에 데이터를 통합하기 위해 노력했으며, 일부는 설계 검토, 조정, 시공 순서 지정 및 다양한 이해관계자와의 커뮤니케이션을 위해 BIM을 활용하고 있다. 그러나 현재의 운영 상태로 볼 때 다른 분야에 비해 뒤쳐져 있으며 전체 AEC(건축, 엔지니어링 및 건설) 산업 전반에서 디지털화의 빠른 진보와 일치하지 않는 것으로 보인다. 인프라 부문의 경우에는 일반적으로 BIM과 디지털화는 효율성 향상을 통해 기존 비즈니스 프로세스를 혁신하고 프로젝트 생산성을 향상하는 데 도움이 될 수 있다고 생각한다.

서론에서 언급한 바와 같이 인프라 분야에서는 BIM 대신 토목 정보 모델링, 인프라 BIM, 토목 통합 관리라는 용어가 종종 사용되어 왔다. 토목 정보 모델링이란 용어는 상업용도에서 BIM이라고 이해하는 것, 즉 시설의 물리적 특성과 기능적 특성을 모두 포함하는 건축 환경의 디지털 표현을 생성하고 관리하는 과정을 말한다(National Institute of Building Sciences, 2007). 반면에, '토목적 통합 관리'라는 용어는 훨씬 더 광범위한 프로세스를 가리킨다. 즉 기술 접목이 가능한 데이터 수집, 조직, 관리 접근성 및 운송 자산의 수명 주기 전반에 걸친 정확한 데이터 및 정보의 사용 등에 대한 것이다(O'Brien et al., 2016). 최근에는 인프라용 BIM이라는 용어가 토목적 통합 관리를 대체하고 있다. 연방 수준에서 이러한 결정을 내리는 이유는 두 가지로 미국의 노력을 이 분야의 국제적 노력과 더 잘 연계시키고, 다양한 산업 부문에서 일반적으로 알려진 용어를 채택하기 위한 것이다.

어떤 BIM 용어를 사용하든 중요한 점은 인프라 부문이 혁신의 성숙기에 있다는 것이다. 주립 DOT는 BIM을 포함한 데이터 통합이 작업 생산성 향상에 도움이 될 수 있다는 것을 알고 있다. 이에 따라 최근에는 연방정부 차원에서 BIM의 광범위한 인프라 구현을 장려하기 위한 전략적 로드맵을 개발하려는 움직임이 있었다.

예산 범위 내에서 일정대로 고속도로 프로젝트를 제공하는 것은 주립 DOT의 전략적 목표 중 하나이다. 이러한 기관들은 프로젝트 파트너와 함께 매년 수백 개의 복잡한 도로 프로젝트를 제공하고 있다. 그럼에도 불구하고 미국의 DOT에게는 예산 범위 내에서 일정 내에 프로젝트를 제공하는 것이 지속적인 과제였다. Molenaar et al.(2018)가 연방 고속도로국(FHWA)을 대상으로 실시한 최근 연구에 따르면 건설 단계에서만 비용 증가 및 공정 증가율은 평균 3.5%, 11%로 나타났다. 각각 다양한 납품 방법(예: 설계 입찰–구축, 설계–구축, 시공 관리자/GC)을 사용하여 납품된 프로젝트 중의 연구대상에서 성과가 가장 낮은 프로젝트의 경우에는 비용과 일정이 각각 약 30%, 200% 증가했다. 이러한 부정적인 지표는 예측하지 못한 조건, 프로젝트 범위, 클레임 및 변경 주문에 기인하며 프로젝트 리스크 관리의 부적절성을 직접적으로 보여주는 지표이다(Molenaar et al., 2018). 여기에서 많은 부분은 보다 효율적인 설계 조정 프로세스 및 더 일반적으로 효율적인 데이터 관리를 통해 많은 부정적 지표를 피할 수 있었다. DOT는 비용 초과와 시간 지연의 영향을 염두에 두고 있으며, 따라서 프로젝트 제공의 모든 단계와 자산의 운영 및 유지 보수에서 개선 기회를 평가해 왔다.

8.2.1 사례 연구: White River Bridge 프로젝트

이 사례 연구와 관련된 데이터와 영상은 Parsons의 허가를 받아 제공되었다.

Parsons와 C.J. Mahan 건설사가 공동으로 진행하는 이 입찰 프로젝트는 기존의 화이트 리버 다리를 대체하고 아칸소 주 리틀록에서 동쪽으로 50마일 떨어진 프레리 카운티 I–40의 1,209마일에 도로 진입로를 건설할 예정이었다. 2017년 3월 착공해 2020년 1월 거의 완공될 예정이었으며 소유주는 아칸소 주 고속도로 교통부이다.

이 프로젝트는 육상 및 수상의 멀티스팬 철판 거더 다리, 토목작업, 아스팔트콘크리트 가열혼합식(ACHM)기초, 결합재, 토목표층 작업, 배수 구조물, 침식 관리, 가드레일, 교통관리, 침식조절, 콘크리트차수벽, AWIS(Automated WorkZone Information System), 그리고 그 밖의 여러 아이템으로 구성되어 있다.

새로운 철판 거더 다리는 고속도로 교통 혼잡을 피하기 위해 기존 다리에서 약 200ft 상류에 건설될 예정이었다. 이 다리는 길이가 2,842ft, 너비가 117ft이며 교각 사이의 수평 간격이 321.5ft가 될 것이다. 제안된 이 도로에는 12ft의 이동 차선 6개가 설치되고 외부와 내부 노견에 10ft의 콘크리트 차단막이 설치될 것이다. 이 구조물의 스팬은 114~320ft(약 35~98m) 정도이다. 자체 작업에는 하부구조, 원형 기둥, 주물 콘크리트 교각 캡, 드릴링된 샤프트(각각 약 2.4, 3.0, 3.7m) 직경 8ft, 평균 깊이 164ft(약 50m), 상부구조, 교량 철거 등이 포함된다. 건설업자들은 프로젝트로부터 2mi 이내에 45,000yd^3(약 34,405m^2) 이상의 레미콘을 생산할 수 있는 콘크리트 배치 공장을 설치·운영하여 복잡한 주간 고속도로에서도 현장으로의 콘크리트 조달이 예측 가능하도록 했다.

작업 범위는 기존 교량의 약 2,800ft(약 853m) 철거, 새 접근로의 정리 및 채우기, 땅 고르기, 돌 채우기, 도로 포장, 우수배관, 교통관리, 환경 및 침식 관리, 측량, 건설 품질 관리, 안전, 말뚝 및 드릴 샤프트 기초, 설치 부착물, 하부 구조 콘크리트, 상부 구조, 줄무늬 작업 및 표지판 설치 등이다.

프로젝트의 복잡성으로 인해 몇 가지 혁신적인 요소가 White River Bridge 공사에 적용되었다. 수평에서 수직까지 75,000lb(약 34,019kg)의 강철봉 케이지 20여 개의 호이스트를 안전하게 제어하기 위해 강철 척추구조와 리프팅 링이 설계되고 제작되었다. 이것은 두 대의 크레인이 안전하고 통제된 방식으로 함께 일할 수 있게 해주었다. BIM과 4D 모델링도 마찬가지로 구현되었다(Figure 8.1과 8.2 참조). 통합일정으로 계획이 가능하도록 하였는데 이것이 중요한 커뮤니케이션 도구가 되기도 했다. 이 프로젝트에서는 증강 현실도 구현되어 현장 엔지니어가 최신 설계 모델을 사용하여 연결 세부 정보를 시각화할 수 있게 되었다(Figure 8.3 및 8.4 참조).

드론은 항공 진행 사진, 비디오, 사진 측정을 위해 사용되었다(Figure 8.5 참조). 하상 부두에는 철골 버팀대를 사용하여 바지선을 사용하는 것에 비해 인력 및 장비에 안전하고 예측 가능한 접근을 할 수 있도록 했다. 사용되었던 거푸집 시공방식 대신에 프리캐스트가 강가의 부두에 적용되었다. 이 덕분에 일반적인 방법에 비해 심각하고 높은 위험에 노출되었던 홍수에 대응할 수 있게 되었다. 콘크리트는 중심선의 시공 조인트를 제거하기 위해 더블 오거 비드웰 플레이서를 사용해서 시공했고 이를 통해 다리의 상갑판 품질이 향상되었다.

White River Bridge 프로젝트는 인프라 프로젝트가 디지털화를 통해 어떻게 이점을 얻을 수 있는지 보여주며, 이를 통해 보다 발전된 조정 및 건설 계획 접근 방식을 구현할 수 있음을 나타낸다. 이를 통해 Parsons는 이 크고 복잡한 프로젝트에서 예측 가능성과 생산성을 높일 수 있었다.

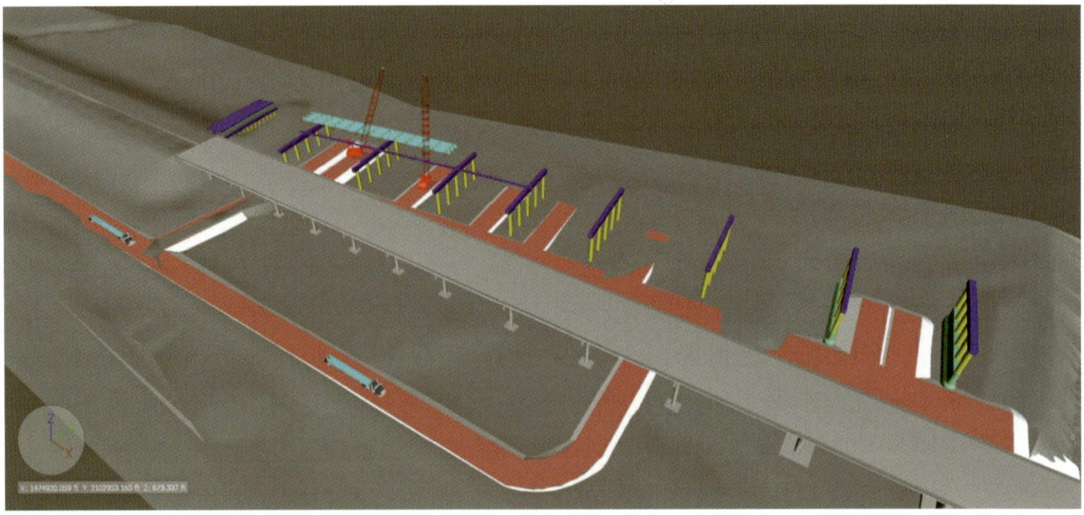

Figure 8.1 다리와 장비를 위한 3D모델링이 배치계획에 사용됨. 여기에는 시공수단과 방법 평가, 4D 애니메이션을 통한 현장 작업자와의 계획에 대한 소통이 포함됨

출처: Image courtesy Parsons

Figure 8.2 2019년 5월 22일의 작업일정을 보여주는 4D BIM. 이 이미지는 완성된 것과 함께 계획된 데크 타설, 덮기, 기둥 등을 보여준다.

출처: Image courtesy Parsons

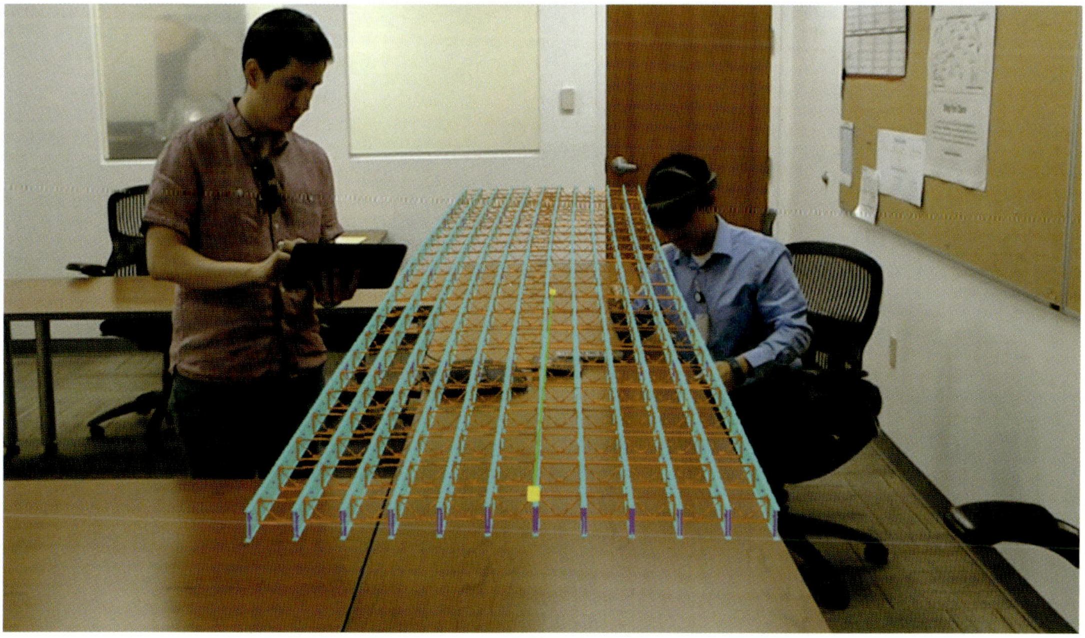

Figure 8.3 디자인 검토시 증강현실을 사용하는 현장 기술자들.

출처: Image courtesy Parsons

Figure 8.4 증강현실은 현장 작업자들에게 최신의 모델을 가지고 디테일 연결을 시각화하는 능력을 갖도록 한다.
출처: Image courtesy Parsons

Figure 8.5 LiDAR와 자동화된 드론은 현황을 파악하는 프로세스를 쉽게 만들어준다. 여기에는 현장 감독, 계획, 프로세스 확인, 그리고 현황도면 작업 등이 포함된다.
출처: Image courtesy Parsons

8.2.2 사례 연구: 입체교차로 재시공

이 사례 연구는 SAGE Publications에서 Sankaran et al.(2016)에 처음 발표되었으며 SAGE의 Green Open Access 정책에 따라 본 문서에서 다시 활용되었다.

이 사례 연구에서 프로젝트는 수년간 차량 통행량이 크게 증가했던 입체교차로의 재시공하는 것이다. 공사에는 도로, 터널, 교량, 옹벽 및 방음벽 건설과 유틸리티 시설의 이전이 수반되었다. 이 프로젝트는 지형 및 도로 요소의 3D 설계, 구조물의 3D 및 4D 모델링, 간섭 체크 프로세스를 비롯한 여러 가지 토목적 통합 관리(CIM) 기술을 구현하였기 때문에 사례 연구로 선정되었다. 이 프로젝트에서는 3D 설계 및 간섭 탐지에 대한 투자 수익을 정량화 했으며, 덕분에 기관은 경험적 편익에 대한 통찰력 있는 결과를 얻게 되었다. 또한 이 프로젝트는 3D 설계 및 간섭 탐지를 구현하기 위한 해당 기관의 파일럿적인 시도를 보여준다.

기획 단계 동안 기관은 기존의 준공도서 및 기존 조사 방법이 모델 기반 설계에 의한 데이터 요구 사항을 충족할 수 없다는 점에 주목했다. 따라서, 기관은 탐지 범위가 더 넓은 신속한 데이터 수집을 지원하기 위해 다중 센싱 기술을 포함하는 통합 조사 접근 방식을 채택했다. 이 과정에서 이동형 LiDAR, 무인항공기 등 첨단 센싱 기술의 입력과 기존 방식(토털스테이션, 레이저 스캐너 등)의 데이터가 체계적으로 결합됐다. 수집된 데이터가 처리된 후 결과 정보에는 의미론적으로 풍부하고 지리적으로 참조할 수 있는 3D 포인트 클라우드 및 고해상도 영상이 포함되었다. 유틸리티에 대한 정보는 지표면 아래 조사 기법을 통해 조사되었으며 선정된 위치에서의 샘플 채취를 통해 확인되었다. 이 프로젝트에서는 3D 설계 프로세스의 데이터 요구 사항을 충족하기 위해 이 정보의 정확성과 품질이 매우 중요했다. 프로젝트 설계는 기관과 컨설턴트가 공유했으며, 기관 작업의 35%가 사내에서 수행되었다. 이 기관은 지형과 도로 요소에 대해 3차원으로 설계를 수행했다. 설계 컨설턴트와 기관은 관련 소프트웨어 도구 및 프로세스에 대하여 협력하여 교량, 옹벽, 배수, 유틸리티, 조명 및 기타 중요한 구조 요소를 위한 3D 모델을 제작했다. 구조물에 대한 모델링 요건은 모든 프로젝트 요소(즉, 지형, 도로 및 구조물)에 대해 3차원에서 요구되는 정보의 상세도와 정확도 수준에 대한 규격을 사용하여 규제하고 표준화되었다.

건설 단계 이후 이 프로젝트는 CIM의 투자 수익률을 수량화하는 데 귀중한 통찰력을 제공했다. 이 프로젝트에서 3D 설계의 주된 이점은 모델 기반 설계 조정과 간섭체크 프로세스였다. 3D 설계 모델을 소프트웨어 애플리케이션에 통합하여 도로, 배수, 유틸리티 및 기타 구조물 등의 설계 주체 간의 공간적 간섭을 식별하고 해결할 수 있도록 지원했다. 따라서, 기관은 간섭이 해결되지 않은 경우 현장에서 발생할 수 있는 설계 변경 비용 및 설계 문제를 적절하게 지정함으로써 편익을 정량화할 수 있었다. 또한 4D 모델링 제작은 스테이지별 분석을 수행하고 교량의 시공 순서를 최적화하기 위해 구현되었다. 이 프로세스는 모델 기반 설계의 추가적인 장점을 가져다주었다. 설계 입찰 시공 프로젝트인 이 사례 연구는 3D 설계 프로세스에 대한 건축주의 리더십과 참여로 모델 기반 간섭 탐지를 통해 상당한 이점을 얻을 수 있다는 주장을 뒷받침한다.

8.3 산업 프로젝트의 BIM 기반 설계 조정

BIM은 최근 수십 년간 많은 산업 프로젝트의 성공에 기여해 왔다. 산업 부문에서는 설계 검토에 많은 영향을 주었고 최근에는 시공 완성작업에 3D 모델링을 활용하고 있다.

주요 프로젝트를 작은 부분으로 분해하는 아이디어는 새로운 것이 아니며, 프로젝트 관리 지식 체계(예: 작업 분석 구조 또는 WBS)의 기본 개념 중 하나이다. AWP(Advanced Work Packing)는 초기 계획부터 세부 설계 및 시공 실행까지 작업을 포괄하는 계획적이고 실행 가능한 프로세스이다. AWP와 기존 프로젝트 관리 접근법의 주요 차이점은 AWP는 초기 계획 단계에서 건설 참여가 필요한 건설 기반 프로세스이며 '끝을 염두에 두고 시작한다'는 원칙을 채택한다는 것이다. 이 프로세스는 최초의 계획 단계에서부터 엔지니어링, 조달 및 건설 분야를 조정하는 것을 목표로 한다. AWP에 대한 자세한 내용은 CII(2013)에서 확인할 수 있다. 프로세스로서 AWP는 BIM/3D 모델링을 사용하는데 여기에는 기하학적(작업 패키지를 추출한 위치) 데이터와 속성 데이터가 모두 포함되며 공급망 데이터와 같은 외부 데이터와의 연결이 포함된다.

3D 모델링은 거의 모든 EPC(Engineering, Pro-curement and construction)기업이 작업 계획 수립, 프로젝트 진행 과정에서 잘못된 계획 수정, 프로젝트 변경 필요 시 계획 수정 또는 업데이트에 사용하는 표준이 되었다. 상업용 건설과 비교할 때 정유, 석유화학 및 기타 중공업 프로젝트의 복잡성은 증가하게 되는데 이는 다음의 여러 유형과 이에 국한되지 않는 여러 요인의 시스템을 포함한다.

- 이 발전소들의 설계와 운영은 상당히 자동화되어 있는 경우가 많으므로 장비 분류와 상호운용성이 매우 중요하다.

- 설비고장 발생 시 생명, 환경, 거액의 자금이 위험하므로 안전여유도가 제한되는 경우가 많으며, 공장 내 결함에 대한 한계치가 훨씬 더 중요하다. 결함은 없어야 한다는 사고방식에 따라 파괴적인 실패의 가능성을 완화하는 것이 중요하다.

- 이러한 프로젝트의 규모 자체가 매우 복잡하게 만드는 요인이다. 단일 프로젝트에서 수백 마일의 수치를 보여주는 이런 규모의 파이프, 연결부 및 장비의 선형 피트는 종종 고려하기가 쉽지 않다. 많은 양의 자재의 입고, 취급, 저장 및 설치에 들어가는 물류 및 계획은 효율적인 프로세스가 가능하도록 매우 상세하고 구조화되어야 한다.

따라서, BIM이 산업 건설 전반에 매우 유익한 계획 및 커뮤니케이션 도구였다는 것은 놀라운 일이 아니다. BIM은 설계 조정뿐만 아니라 프로젝트 내부나 프로젝트 간 커뮤니케이션, 작업 패키지 개발 등을 기존 방식을 통해서는 불가능했던 수준으로 개선할 수 있다. 이것이 제공하는 인터페이스는 현재 기술에서 가능한 한 리소스를 적용하기 전에 실제로 구성되는 시뮬레이션에 더 가깝다. 가능한 시공 간섭을 피하기 위해 시공을 시뮬레이션한 후 이를 사용하여 현장의 인력진에게 작업 패키지를 제공하는 기능은 계획의 효과적인 활용을 위한 진정으로 간소화된 프로세스라고 할 수 있다. 현재 여러 대형 EPC가 가상 및 증강 현실을 포함한 다양한 형태의 모델 시각화를 실험하고 있으며, 이는 챕터 10에서 다룰 예정이다.

EPC 업체들은 프로젝트의 모든 측면에 3D 모델링을 사용하고 있지만, 많은 업체들이 파이프 설계 및 설치에 가장 엄격한 모델링을 적용하게 된다. 이는 설치할 파이프의 양과 사이트에서 생성할 수 있는 복잡한 연결망 때문이다. 이 정도 주의를 기울이게 된다면 설비들은 거의 완전한 시공이 가능하게 되며 설계가 완료된 후에 가장 효율적인 워크플로우를 달성할 수 있다. 예를 들어 산업용 발전소의 설계 심사에 사용되는 모델을 보여주는 다음의 Figure 8.6과 8.7에서 두 개의 개별 배관 꾸리에 대한 지지대가 누락되었다(거짓 부정). Figure 8.8은 추락 보호 난간 누락(거짓 부정)뿐만 아니라 실제의 간섭(참 긍정)을 보여준다. 거짓 부정 이슈는 챕터 3에서 상세히 논의한 바와 같이 자동 간섭체크에서 포착되지 않았을 것이다. 거짓 부정 이슈는 자동 간섭체크를 위한 보완 프로세스로서 '모델 걷기'의 중요성을 보여준다.

EPC 회사들은 일반적으로 일정관리에서의 위험의 대부분을 파이프 설계 및 설치에 할당하고 BIM을 효과적인 도구로 사용하여 이러한 위험을 완화하게 되고 건설 계획을 건축주, 작업 현장의 제작업체 및 설치 담당자들에게 전달한다. 여러 EPC 회사들은 프로젝트 제어를 위해 전체 프로젝트 라이프사이클에 BIM을 적용할 수 있었다. 그렇게 함으로써 얻을 수 있는 이점은 계획을 효과적으로

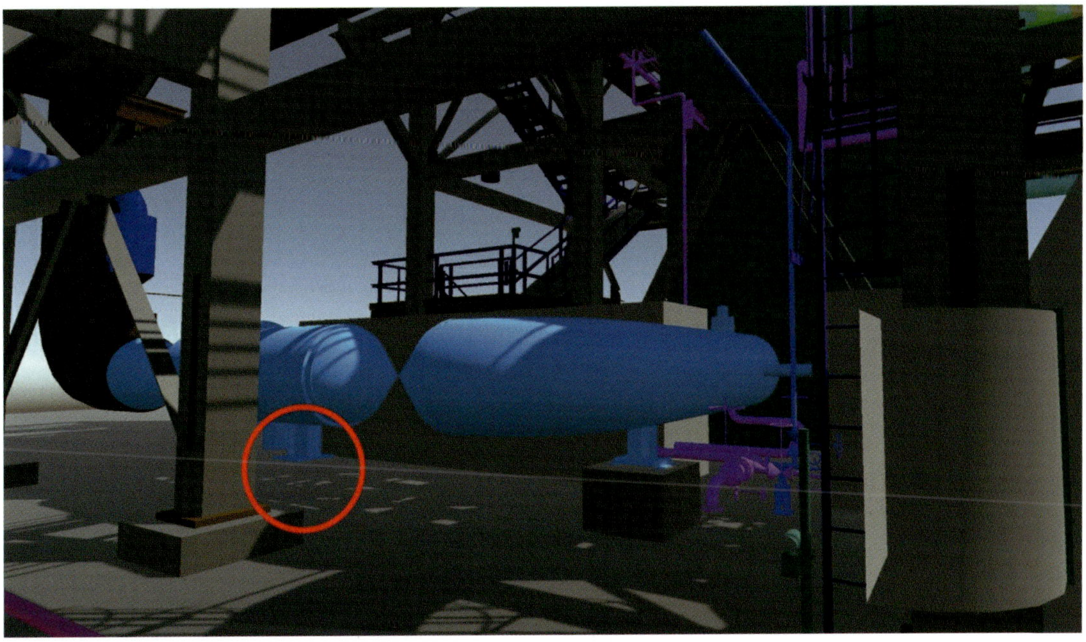

Figure 8.6 파이프 다발의 지지대 분실(거짓 부정)

Figure 8.7 파이프 다발의 지지대 분실(거짓 부정)

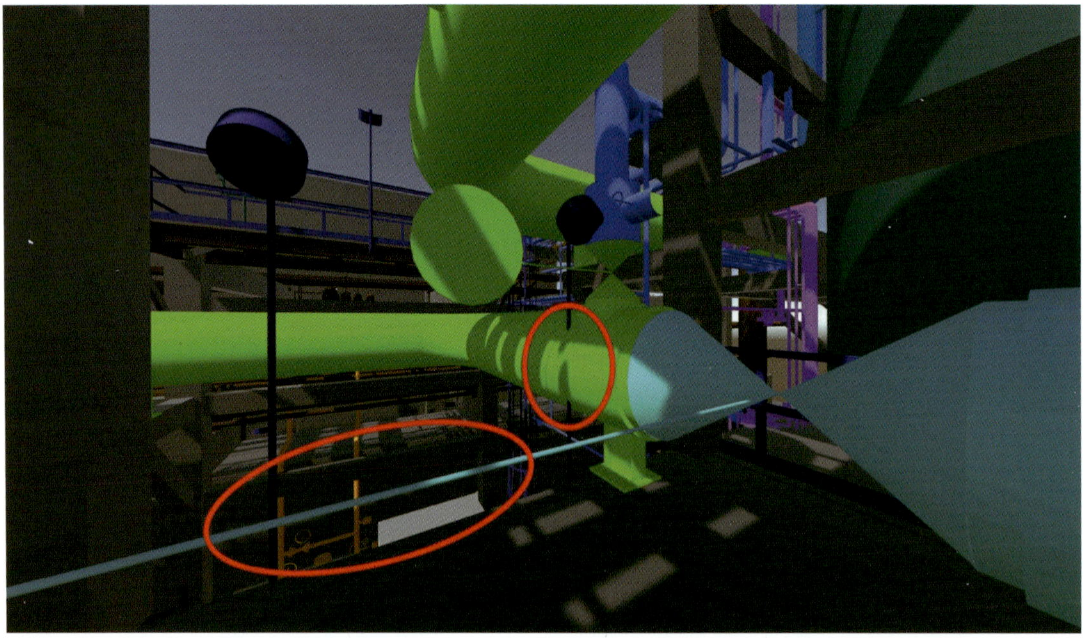

Figure 8.8 추락방지 레일 분실(거짓 부정) 그리고 녹색 파이프 다발과 보라색 조명기구 사이의 강한 간섭(참 긍정)

추적하고 설치작업을 실행할 수 있다는 것이다. EPC는 현장실사, 작업 패키지 개발, 시스템 교체, 테스트 또는 시뮬레이션 등에서 BIM/3D 모델링을 광범위하게 사용해 왔다.

8.3.1 사례 연구: 정제공장 업그레이드 프로젝트

한 EPC 회사가 미국 남부에서 3억 5천만 달러 규모의 정제공장 업그레이드 프로젝트를 시작했다. 여기서 EPC 회사는 GC 역할을 하고 있었다. 프로젝트는 기존 정제 시설의 보수와 정제 공장 추가의 두 부분으로 구성되었다. 이 프로젝트에는 파이프라인에서 두 개의 정제 시설로 수 마일에 이르는 파이프를 연결하는 작업이 수반되는 기존의 수소첨가분해로 유닛에 대한 주요 개선 사항이 포함되었고 이 연결을 통해 두 정유소가 하나로 유연하게 작동할 수 있었다. 그 건설 프로젝트에는 두 단계가 있었다. 첫 번째 단계(회전 전) 동안, 발전소는 가동 상태를 유지했다. 500명으로 구성된 이 건설팀은 기존 기반 시설 주변에서 작업했기 때문에 안전이 가장 큰 관심사였다. 건축주는 수익 손실을 방지하기 위해 시설을 최대한 오래 유영하기를 원했다. 따라서 EPC는 프로젝트의 다음 단계 이전에 최대한 많은 작업을 완료하는 것이 중요했다. 매달 시설이 문을 닫을 때마다 건축주는 미화 1,000만 달러의 이익을 잃었다. 2단계 공사(회전)에서는 공장 가동이 80일 동안 중단됐고 작업자들은 24시간 교대로 일했다. 교대조원들은 1,500명의 노동자로 구성되어 있었다. 노동자들의 위치가 조정되었고 건설 일정은 한 시간 내로 계획되었다. 아주 사소한 지체도 프로젝트의 정시에 완료하는 데 해가 되었다. 따라서, 회전 단계는 전체 프로젝트의 성공에 매우 중요하다.

EPC는 원래 이 프로젝트를 완료하는 데 4년이 걸릴 것으로 추정했지만, 건축주는 2년 안에 완성되기를 원했다. 따라서, 프로젝트는 초고속 패스트트랙 일정으로 완료되었으며, 대안 선정, 작업 범위 정의 및 디테일 설계가 동시에 수행되었다.

이 프로젝트는 이 사례 연구가 개발된 2017년 2월까지도 예정대로 진행 중이었다. 엔지니어링은 약 75% 완료되었으며, 공사는 약 35% 완료된 상태였으나 건축주의 과도한 설계변경으로 인해 프로젝트가 비용 초과 문제를 겪었다.

프로젝트의 복잡한 특성과 규모 때문에 EPC는 주로 제작 계획 및 자재 관리를 위해 프로젝트에 BIM을 구현했다. 미국과 인도 모두에서 대규모 모델러 팀이 정유 공장의 BIM을 관리했다. 이 모델은 프로젝트의 계획 단계에서 생성되었으며 재료, 수량 및 사양에 관한 정보뿐만 아니라 3D 기하학적 데이터도 포함되었다. 이 프로젝트의 경우 EPC는 주로 BIM을 사용하여 배관 구성요소 파일들을 사용하여 제작업체와 데이터를 교환했다. 또한 BIM을 사용하여 회사의 자재 관리, 창고 및 현장 계획 및 진행과정을 지원했다. 여기에는 필요한 강철, 선형 파이프, 콘크리트 등의 양을 추산하고 사용된 재료의 물량을 기록하는 작업이 포함되었다. 이 업체는 가능한 한 일찍 건물 정보 모델을 시작하는 것이 중요하다고 판단하여 프로젝트의 엔지니어링 및 설계 단계에서 모든 배관 및 강철 시스템에 대한 건물 정보 모델을 만들기 시작했다.

EPC는 모든 협력업체의 모델과 정보를 사내 시스

템으로 통합했다. 통합 모델을 사용함으로써, EPC는 스펙 및 플랜트 제작 정보를 전송할 수 있었다. 과거에는 이 프로세스가 수동으로 수행되어 생산성이 크게 떨어졌는데, 이러한 작업은 완료하기가 훨씬 어려웠을 것이며 BIM이 없었다면 더 오랜 시간이 걸렸을 것이다.

각 작업의 모델을 검토하고, 새로운 버전의 통합 모델이 주간 단위로 발행되었다(상업 건설에서 관찰된 것과 매우 유사한 프로세스로). BIM 관리자는 모델의 일관성뿐만 아니라 예측 가능한 운영, 유지보수, 시공 문제 및 기회와 관련된 문제를 조사했다. 건축주는 매일 책상에서 사무실과 현장 모두의 건물 정보 모델을 볼 수 있었다. 현장 기획 및 진행 팀은 건축 진행 상황을 검토하고 작업 패키지를 준비하기 위해 건물 정보 모델을 사용했다. 이 프로젝트가 완료되면 건물 정보 모델의 소유권이 건축주에게 양도될 것이다.

BIM은 프로젝트의 규모와 건축주의 계약 요건 때문에 이 프로젝트에 도입되었다. 사전 시공, 커뮤니케이션, 물량 변화 흐름, 제작 도면 및 안전 등 설계 조정을 넘어 프로젝트 수행의 여러 분야에서 BIM의 성공 사례를 확인할 수 있다.

8.4. 요약 및 논의 사항

이 챕터에서는 다른 산업 분야(중공업 및 인프라)가 BIM을 설계 조정에 어떻게 활용했는지 또는 BIM을 더 잘 활용할 수 있는지 설명했다. 이에 대한 목표는 이전 챕터에서 논의된 BIM 관련 개념이 다른 부문에서도 적용될 수 있다는 것을 보여주는 것이었다.

AEC 산업 전반의 완전한 디지털화가 임박했지만 산업 부문은 현재 다양한 디지털화 단계에 있다. 인프라 부문은 일반적으로 지지부진한 반면 중공업 부문은 디지털화를 향해 상당한 진전을 보이고 있다. 중공업 부문은 공급망과 같은 다른 프로젝트 데이터베이스에 완전히 통합되었기 때문에 이 부문이 보다 발전된 조정 및 건설 계획 접근 방식을 개발할 수 있게 되었다. 인프라 부문 내 프로젝트 및 서비스 제공 비즈니스 프로세스의 디지털화는 관련된 모든 이해 관계자들에게 비효율성을 크게 감소시키고 생산성 향상을 도모할 수 있는 커다란 기회를 제공한다. 이러한 기회의 대부분은 십 여 년 동안 중공업 부문과 상업 건설에서 관찰된 바 있으며, 이러한 산업 전반의 디지털화가 임박한 중심에는 BIM이 있다.

이 창을 읽은 이후, 다음에 대해서 생각해 보시오.

1. BIM 구현에서 뒤처지는 부문은 무엇인가?
2. 토목 정보 모델링과 토목 통합 관리라는 용어의 차이점은 무엇인가?
3. 사회기반시설 프로젝트에서 BIM의 두 가지 일반적인 용도는 무엇인가?
4. 산업 프로젝트에서 BIM의 두 가지 일반적인 용도는 무엇인가?

References

Construction Industry Institute(CII). 2013. "Advanced Work Packaging: Design through Workface Execution." Research Summary 272-1. Construction Industry Institute. The University of Texas at Austin.

Molenaar, K. et al. 2018. "Alternative Contracting Method Performance in U.S. Highway Construction," Technical Brief, FHWA Publication No: FHWA-HRT-17-100, Prepared by University of Colorado Boulder, Colorado for the Federal Highway Administration. https://www.fhwa.dot.gov/publications/research/infrastructure/17100/17100.pdf.

National Institute of Building Sciences. 2019. National BIM Standard-United States(2007) "National Building Information Modeling Standard Version 1, Part 1: Overview, Principles, and Methodologies." https://buildinginformationmanagement.files.wordpress.com/2011/06/nbimsv1_p1.pdf.

O'Brien, W., B. Sankaran, F. Leite, N. Khwaja, I. De Sande Palma, P. Goodrum, K. Molenaar, G. Nevett, and J. Johnson. 2016. "Civil Integrated Management(CIM) for Departments of Transportation, Volume I: Guidebook." National Academies of Sciences, Engineering, and Medicine. Washington, DC: The National Academies Press. https://doi.org/10.17226/23697.

Sankaran, B ., W.J. O'Brien, P.M. Goodrum, N. Khwaja, F. Leite, and J. Johnson. 2016. "Civil Integrated Management for Highway Infrastructure: Case Studies and Lessons Learned."

Transportation Research Record: Journal of the Transportation Research Board2573(1): 10-17. Washington, DC: Transportation Research Board. https://doi.org/10.3141/2573-02.

Chapter 9

BIM 교육 고려 사항

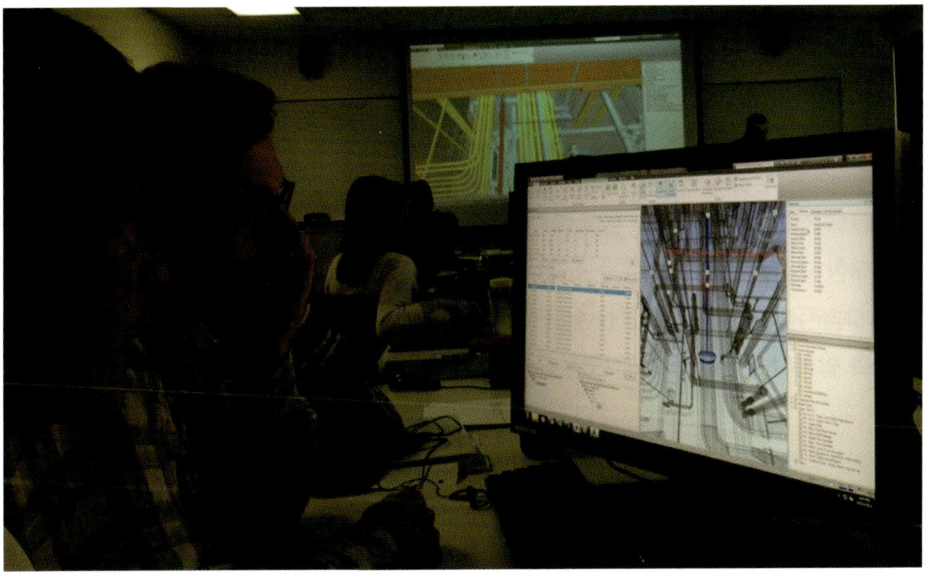

9.0 개요

이 챕터에서는 AEC(Architecture, Engineering and Construction) 전문가들이 BIM을 이해하고 기존 빌딩 정보 모델을 효과적으로 사용하여 건물 시공 프로젝트를 계획하는 데 사용할 수 있도록 설계된 BIM(빌딩 정보 모델링) 교육과정에 대해 오스틴 텍사스 대학교에서 학습한 경험과 교훈을 설명하려고 한다. 이 과정을 처음 개발한 2010년 이후로 학생들이 포괄적인 교육을 받고 BIM의 기본을 배울 수 있도록 지속적으로 업데이트하고 있다. 교육에 대한 나의 철학은 '요점 및 클릭' 교육이 아니라 비판적 사고를 기지고 다양한 BIM 툴 및 프로세스가 프로젝트 관리 및 건설 전문가에게 더 나은 의사 결정을 내리도록 하고 궁극적으로는 더 나은 제품을 제공하는 데 어떻게 도움이 되는지에 초점을 맞추는 것이다. 이는 본 교육과정에서 각 교육 모듈을 제공하는 동안 다양한 소프트웨어 시스템을 사용하기 때문에 매우 중요한 사항이다. 수년 동안 각 모듈에서 다양한 소프트웨어 시스템을 사용해 실험해 왔지만 기본적인 개념은 일관성이 유지되고 있다. 이는 차세대 전문가가 평생 학습자가 될 수 있도록 준비하고 진행하면서 소프트웨어

으로써, 실제 문제를 다루는 데 있어 소유권과 책임 있는 시민의식을 증진할 수 있다.

공학 교육의 관점에서, PBL은 학생이 일반적으로 소규모 그룹으로 과정 프로젝트를 공동으로 수행한다는 점에서 협력적 학습과 연계될 수 있다. 연구원들은 수십 년 동안 경쟁적 학습의 대안으로 협력적 학습을 연구해왔다(Deutsch, 1949; Johnson et al., 1981; Johnson et al., 1986; Slavin, 1990; Nembhard et al., 2009). 협력적 학습 방법의 공통된 요소는 다음과 같다. (1)수업은 2명에서 6명 사이의 소규모 그룹으로 나누어 시작한다. (2)이 그룹들은 높은 개개인의 책임을 지닌 상호의존적 구조를 가지고 있으며, (3)팀 목표에 대해서는 명확히 지정하고 정의되어야 하며, (4)팀원들은 공통 목표를 달성하기 위해 각자의 노력을 돕도록 해야 한다(Nembhard et al., 2009) 반면, 경쟁적 학습은 다른 참가자가 목표를 달성할 수 없을 경우 개인이 자신의 목표를 달성할 수 있도록 하는 경쟁적 목표 구조를 기초로 구성된다(Deutsch, 1949). 여기에 더해 심리학자들은 교실에서 경쟁적 학습보다 협력적 학습을 사용하는 것의 몇 가지 이점을 제안했는데, 여기에는 향상된 성취도, 학생 태도 및 학생 유지에 대한 내용 등이 포함된다(Johnson et al., 1981; Slavin, 1990).

PBL과 공동 학습의 이점에 대한 많은 증거가 있는데, 엔지니어링 강의실에서 이러한 교육학적 접근 방식을 더 자주 시행하지 않는 이유는 무엇일까? 구현 과제(예: 추가 준비 시간, 복잡한 물류, 실제 문제 및 관련 데이터에 대한 액세스)에 대한 것을 종종 주요 원인으로 언급하기도 한다. 특히 프로젝트 관리 직업을 고려했을 때, 잘못 정의된 문제와 팀워크 등이 AEC 업계에 만연해 있다. 따라서 미래의 엔지니어와 프로젝트 관리자에게 강의실에서 실제 프로젝트 작업을 모방할 수 있는 교육 경험을 제공하는 것이 점점 더 중요해지고 있다. 이 챕터에서는 2010년 텍사스 오스틴 대학에서 개발해 1년에 한 번 이상 강의한 과정을 설명할 것이다. 코스 구성에 대해 논의할 것이며, BIM 기반의 설계 조정에 대한 샘플 교육 모듈도 제공할 것이다.

9.3 코스 설명

나는 2010년부터 텍사스 오스틴 대학교에서 대학원생과 공학 학부생을 포함하여 총 260명의 학생들에게 주요 프로젝트들의 BIM을 가르쳐왔다. 각 프로그램은 최대 24명의 학생을 대상으로 하는데, 이 과정은 실습 기반 과정이며 이 과정에 사용하는 교육 컴퓨터 실험실의 컴퓨터 수이기 때문이다. 그것은 또한 학기 내내 많은 일대일 상호작용을 가능하게 할 만큼 충분히 적은 숫자이다. 본 과정은 학생회로부터 높은 관심을 받았으며 CAEE 학과(예: 건설 공학 및 프로젝트 관리, 건축 공학, 구조 및 재료 과학)뿐 아니라 기계공학 및 건축학 등의 다양한 영역의 학생들을 끌어들였다. 학생들은 BIM의 다양한 측면에 대한 실제 경험을 쌓게 되고 업계의 멘토들의 지원을 받아 오스틴 내부 및 주변에서 다양한 BIM 기반 프로젝트에 대한 사례 연구를 개발하게 된다.

이 과정은 나의 연구 아젠다와 잘 융합되어 있다. 과정 자체를 모듈에서 학습하므로 코스가 제공될 때마다 새로운 컨텐츠를 유연하게 추가할 수 있고,

연구소에서 진행 중인 새로운 연구 계획과 연계되기도 한다. 각 모듈은 입문 강의, 두 개의 실험실 세션 및 복습 시간으로 구성되며, 여기에서 학생들은 특정 모듈과 관련된 작업을 발표하고 토론한다. 세 가지 기본 모듈은 (1)모델 기반 비용 추정, (2)스케줄링 및 4D 시뮬레이션, (3)설계 조정 등이다. 지금까지 학습된 추가 모듈로는 (4)빌딩 에너지 시뮬레이션, (5)3D 모델의 사진 측정 생성 및 (6)현장 배치 계획 등이 있다. 이 과정은 전적으로 프로젝트 기반으로 되어있는데, 각 모듈에 대한 과제는 미니 프로젝트이고, 학생들은 이 모듈에 대한 지식을 실제 프로젝트에 적용하게 된다. 또한, 모든 팀은 대학원생과 학부생으로 구성되어 있으며, 팀 구성은 각 팀에 다양한 학생의 배경(예: 모델링, 추정 및 일정 설정 경험)에 맞도록 세심하게 구성되어 있다.

이것이 UT Austin의 첫 BIM 과정이고, 업계 멘토 및 동문 네트워크를 통해 졸업생들이 이 과정의 혜택을 누리고 있다. 이전의 학생 몇 명이 미국 전역과 해외의 다양한 시공사에게 BIM 엔지니어 또는 가상 설계 및 시공(VDC) 관리자로 고용되었고, 현재 본 코스를 수강하는 학생 팀의 멘토 역할을 하기도 한다.

9.4 코스 개요 및 학습 목표

본 코스는 기존 건물 정보 모델을 건물 건설 프로젝트의 계획 실행에 효과적으로 사용하는 데 필요한 기술과 정보에 초점을 맞추고 있다. 이 코스는 학생들이 계획, 설계, 시공 및 운영에 이르기까지 건물의 수명 주기 전반에 걸쳐 BIM 개념의 구현에 대한 지식을 습득하는 프로젝트 기반 과정이라고 할 수 있다. 코스에서 다루는 주요 주제로는 (1)모델 기반 비용 추정, (2)시공 일정 및 4D 시뮬레이션, (3)설계 조정, (4)사진 측정 기반 3D 모델 생성 등이 있다.

본 코스는 건설 관리(CM) 과목 학생들에게 BIM의 핵심 개념을 제공하고, 프로젝트 수명 주기 전반에 걸친 프로세스로서의 BIM 구현에 대한 지식, 다양한 BIM 소프트웨어에 대한 실무 경험, 그룹 프로젝트 및 개별 과제를 통해 협업 기술과 비판적 사고를 개발할 수 있는 기회 등을 제공하기 위해 고안되었다. 이 과정을 수강함으로써 학생들은 (1) BIM을 정의하고, (2)건물 수명 주기에서 BIM을 사용하는 워크플로우를 설명하고, (3)모델 기반 비용 산정 과정을 설명하고, (4)4D 시뮬레이션을 수행하고, (5)BIM을 적용하여 시공 프로젝트의 오류를 줄이고 순서를 변경하며, (6)건축수명주기 동안 BIM의 사용과 관련된 아이디어를 평가하고 전달할 수 있다.

9.5 코스 구성 및 교육 모듈

본 코스는 대학원 및 학부의 수업코드 양쪽에 걸쳐 교차 나열되어 있으며, AEC 업계의 건설 관리와 IT에 관심이 있는 학생들을 위해 설계되었다. 교육 방식에는 강의, 실습 랩 기반 소프트웨어 튜토리얼, 팀 기반 학습(예: 랩 기반 과제), 개별 학습(예: 읽기 과제)이 포함된다.

이전의 프로그램들과 비교할 때 본 코스의 혁신은 교육 방식과 평가 원칙이 프로세스 지향적이라는 것이다. 여기서 강조하는 것은 BIM을 새로운 건설 관리 프로세스로 이해하는 것뿐 아니라 프로젝트 성공에 미치는 영향 등에 관한 것이다. BIM은 기술일 뿐만 아니라 방법론이기도 하다. 특히 IT 붐과 함께 BIM 제품도 빠르게 발전하고 있는데, 하나 이상의 소프트웨어 유형을 마스터하는 것이 대학의 BIM 교육에 중점이 되어서는 안된다. 따라서 BIM 과정은 학생들이 다양한 프로젝트 단계에서 BIM의 역할을 파악하여 이 도구의 사용 이유, 프로젝트 성과 개선 방법, 그리고 BIM이 더 개선될 수 있는 방법을 알 수 있도록 장려해야 한다. 실험실 기반 과제의 평가 메커니즘은 또한 결과 자체보다는 실습에 기초한 과제의 이해와 과정에 대한 학생들의 논의를 기초로 한다.

이 챕터에서는 상세한 코스 설계와 지침 접근방식에 대해서 설명한다. 한 학기 내내 팀 평가와 개인 평가가 있다. 모든 실습 기반 과제(교육 모듈당 하나씩)는 팀으로 수행되며 업계 멘토링 사례 연구도 팀별로 실시된다. 개별 평가는 읽기 과제, 퀴즈, 종합 보고서(대학원생만 해당)에 기초한 수업 토론을 통해 이루어진다. Figure 9.1은 팀 및 개인 평가와 이들의 연관성을 보여준다. 본 코스의 내용은 모델 기반 비용 산정, 시공 일정 및 4D 시뮬레이션, 설계 조정, 사진 측정 기반 3D 모델 생성 등 다양한 주제를 다루는 교육 모듈로 구성되어 있다. Table 9.1에 나타낸 바와 같이, 모든 모듈은 4개의 세션으로 구성되어 있다:

(1)배경 소개, 추가 읽기 숙제로 보충되는 입문 강의
(2)랩 세션 I, 조교가 주도하는 단계별 실습 튜토리얼
(3)랩 세션 II, 학생들이 자유롭게 도움을 구할 수 있을 때 질문할 수 있는 시간 워크샵, 그룹별 작업, 다른 그룹과의 상호 대화
(4)복습과 토론, 과제 전달, 팀 프레젠테이션.

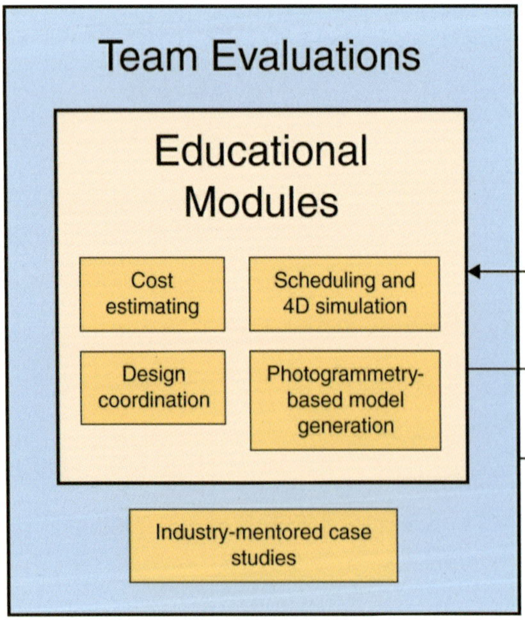

Figure 9.1 팀과 개인 평가 그리고 관계도

Table 9.1 각 교육 모듈의 구조

세션	교육방법
1. 배경 소개	강의(주제 소개) + 개별 수업(과제 읽기 및 수업 논의)
2. 랩 세션 I: 튜토리얼	강의(소프트웨어 튜토리얼) + 팀 작업(실습)
3. 랩 세션 II: 워크샵	팀 작업(질문 시간: 실습)
4. 복습 및 논의	팀 작업(그룹 발표 및 논의)

이러한 모듈은 BIM에 대한 핵심 지식, 최첨단 BIM 솔루션에 대한 실습, 그리고 국가별 문화 간 협업 경험을 제공하는데 이는 대학원생 대부분이 다국적이기 때문이다. 모든 실습 기반 과제는 그룹으로 수행된다. 코스 시작 시에 학생들은 3인 1조로 배정된다. 이 팀은 다양한 업계의 경험 수준과 배경을 다룰 수 있도록 구성된다. 팀은 또한 대학원생과 학부생으로 구성된다. 보통의 경우에는 한 학기의 전체 등록 상황에 따라 한 반에는 8개의 학생들로 구성된 팀이 있을 것이다.

9.6 교육 모듈 예: 설계 조정

다음의 하위 장에서는 설계 조정(모듈 3)에 대한 예제 모듈의 조정에 대한 설명, 강의 개요, 실습 세션 설명, 모의 설계 조정 설명 및 과제 개요에 대해 논의할 것이다.

9.6.1 코스 학습 목표에 대한 조정 내용

앞서 언급한 바와 같이 본 코스의 학습 목표는 (1) BIM 정의, (2)빌딩 수명 주기 동안 BIM 사용 워크플로우 설명, (3)모델 기반 비용 추정, (4)4D 시뮬레이션 수행, (5)BIM 적용에 따른 주요 프로젝트의 오류와 설계변경 감소, (6)건물 수명주기에서 BIM의 사용에 따른 평가와 커뮤니케이션에 대한 것이다

특히 이 단원에서의 학습 목표는 다음과 같다.

1. 모델 기반 비용 계산의 수행. 학생들은 Autodesk Navisworks Manage®를 사용하여 BIM 기반 MEPF(기계, 전기, 배관 및 화재 방지) 간섭 감지를 살펴보게 된다. Navisworks를 사용하여 모델에서 간섭을 자동으로 감지하고, 자동으로 식별된 간섭 중 어떤 간섭이 참 긍정인지 분석한 다음, 참 긍정 간섭을 그룹화하여 간섭 해결을 단순화하는 방법을 배운다.

2. BIM을 적용에 따른 주요 프로젝트의 오류 및 설계변경 감소. 이 단원을 통해 학생들은 현장에서 감지된 간섭의 수를 줄이기 위해 어떻게 설계 조정이 진행되는지를 배울 수 있다. 모델 품질과 개발 수준(LOD)노 강조되는데 이는 모델 품질이 참 긍정 및 거짓 긍정 간섭의 분류와 관련이 있기 때문이다.

3. 빌딩 수명 주기 동안 BIM 사용과 관련된 아이디어의 평가 및 커뮤니케이션. 이 단원은 학생들이 건설 산업에 대한 설계 조정의 이점(즉, 적용 가능한 것으로 간주하는 경우, 어떤 세부 및 규모, 어떤 목표, 어떤 유형의 건설)을 평가하고 현재 공정 한계 및 구현 과제를 평가할 수 있도록 한다.

9.6.2 강의

이 강의에서는 전통적으로 2D로 실행된 방식, 라이트 테이블의 도면 겹쳐보기, 2D 기반 접근 방식의 한계, 초창기 3D 기반 설계 조정의 전환 사례 등 설계 조정에 대한 전반적인 내용을 제공한다. 이 강의는 또한 학생들이 연관되어 이해하기 좋은 캠퍼스 프로젝트의 사례 연구를 다룬다. 통합 모델의 개념이 도입되고 설계 조정과 관련된 BIM 프로젝트 실행 계획의 재점검이 제공된다(학기 초에는 전체 강의가 BIM 프로젝트 실행 계획 전용으로 진행됨). 이 강의의 시작 부분에는 읽기 과제가 주어지며, 일반적으로 읽기에 대한 논의는 강의 시작 부분에서 이루어진다. 이 세부적인 읽기 과제는 Leite et al.(2011) 논문으로, 여러 LOD에서 BIM 모델을 생성하는 것과 관련된 모델링 작업과 MEPF 설계 조정을 지원하는 프로젝트에서 LOD의 영향을 평가하는 것이다. MEPF 설계 조정에서 수행된 실험을 바탕으로, BIM 기반 간섭체크는 일관되게 더 높은 회수율과 함께 거짓 긍정(저정밀)을 희생하여 간섭을 보다 완벽하게 식별하는 것으로 관찰되었다. 그런 다음 높은 정밀도와 회수율을 달성하기 위해 모델 품질의 중요성과 BIM 기반 설계 조정을 위한 적절한 LOD를 결정하는 것에 대해 논의하게 된다. 본 강의의 마지막에는 과제 3(설계 조정)이 소개되는데 이 강의는 1시간 15분 세션으로 발표될 것이다.

9.6.3 실습 세션

이 유닛은 컴퓨터 실에서 수행되는 두 개의 실습 랩 세션으로 구성됩니다. 첫 번째 세션에서는 Autodesk Navisworks®에서 모델을 열고 저장하는 방법, 간섭체크, 디스플레이 설정 및 간섭 검토 방법을 배운다. 우리는 건물 건설 프로젝트의 작은 부분에서 간섭 검토와 그룹화의 예를 들어 학생들을 인도할 것이다. 이 세션이 끝날 즈음에 학생들은 상호간 간섭체크 테스트를 실행하고 간섭을 그룹화 및 분류할 수 있어야 한다. 첫 번째 실습 이후 최소 1주일 후에 진행되는 두 번째 실습 세션에서 학생들은 팀과 함께 작업하는 동안 강사와 조교에게 명확한 질문을 할 기회가 제공된다. 두 번째 실습 세션 중에는 공식적인 지침이 없다. 또한 1, 2차 랩 세션 사이에는 모의 설계 조정 회의를 이끄는 업계 대표도 참석하게 된다.

9.6.4 과제 설명

이 과제를 위해 Autodesk Navisworks Manage®를 사용하는 BIM 기반의 기계, 전기, 배관 및 화재 방지(MEPF) 간섭체크를 살펴볼 것이다. 이 과제에서는 Navisworks를 사용하여 모델에서 간섭을 자동으로 감지하고, 자동으로 식별된 간섭 중 어떤 간섭이 참 긍정인지 분석한 다음, 진정한 긍정적 간섭을 그룹화하여 간섭 해결을 단순화하는 방법을 배우게 된다. Figure 9.2는 펜실베니아의 한 아카데믹 건축물 2층의 스크린샷이다. 이 그림에서는 구조, 건축 및 MEP 요소를 모델링한 것을 볼 수 있다. 해당 과제를 위해서 이 모델을 사용하게 될 것이다.

이 과제의 목적은 참 긍정의 MEP 간섭을 식별하는 것이다. 첫 번째 단계는 Navisworks에서 자동으로 모든 간섭을 식별하는 것이다. 그런 다음 이러한 간섭을 통해 발견할 수 있는 거짓 긍정을 제거해야 하는데 Figure 9.3과 9.4에서 두 가지 예를 보여준다.

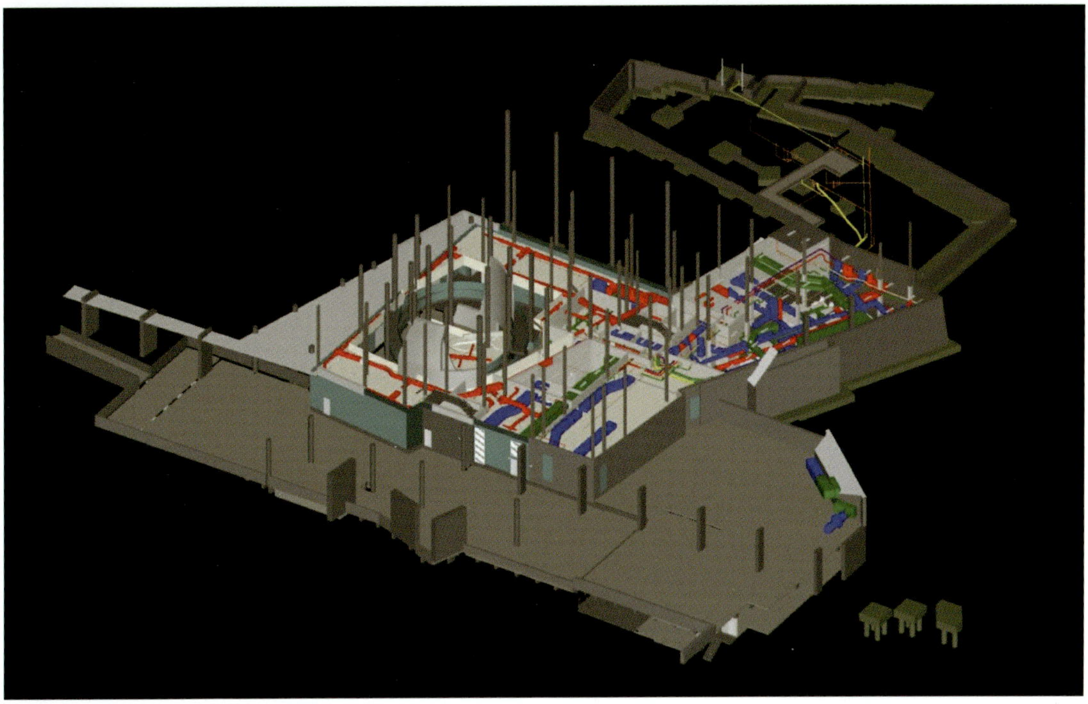

Figure 9.2 Pennsylvania의 아카데믹 빌딩의 2층

Table 9.2를 모두 작성하고 나면 분석에 대한 충분한 설명을 제공하게 된다(간섭을 거짓 긍정으로 간주하는 이유).

참 긍정과 거짓 긍정을 구분하고 소프트웨어에 대한 TP 및 FP 속도를 계산한 후에는 간섭 해결을 단순화하기 위해 참 간섭을 그룹화해야 한다. 그룹화 프로세스는 다음의 요소들에 의존하게 되는데, 이는 (1)간섭 유사성, (2)간섭 인접성 및 (3)여러 개체와 간섭하는 한 가지 요소 등이다.

자신이 만든 각 그룹에 대한 이유를 설명하고 스크린샷을 제공하고, 간섭 그룹의 결과 수를 보고하게 된다.

다음은 이 과제와 관련된 몇 가지 일반적인 요구사항 및 논의 사항이다.

1. Navisworks Manage와 같은 소프트웨어 시스템과의 간섭을 감지할 때의 장점과 제한은 무엇인가? 프로세스를 개선하기 위해 무엇을 할 수 있는가?

2. 거짓 부정(식별되지 않은 간섭)를 생각해낼 수 있는가? 왜 이런 일이 일어났고 이 문제를 어떻게 최소화할 수 있을까?

3. 빌딩 정보 모델을 만들 때 자동 간섭 체크를 통해 좀 더 정확한 결과를 얻기 위해 고려해야 할 사항에 대한 논의.

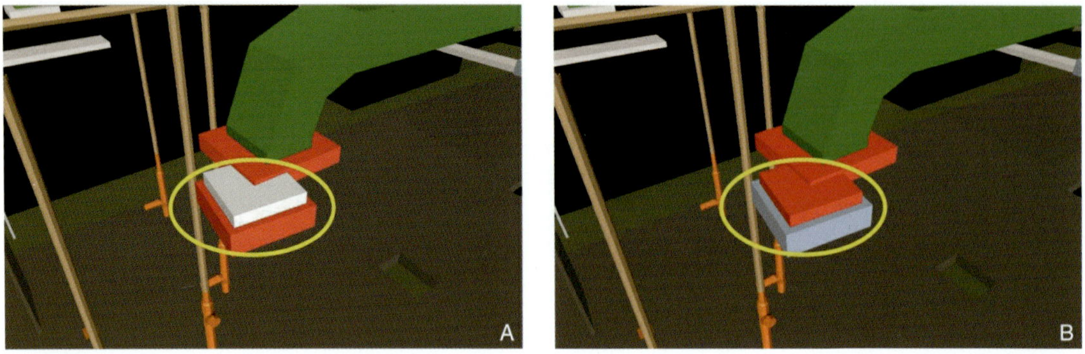

Figure 9.3 자동 간섭체크의 거짓 긍정 사례 – (A)와 (B)에 있는 HVAC 디퓨저와 조명기구 간의 간섭. 표시된 같은 조명기구의 다른 부품들은 두 번의 간섭으로 간주된다.

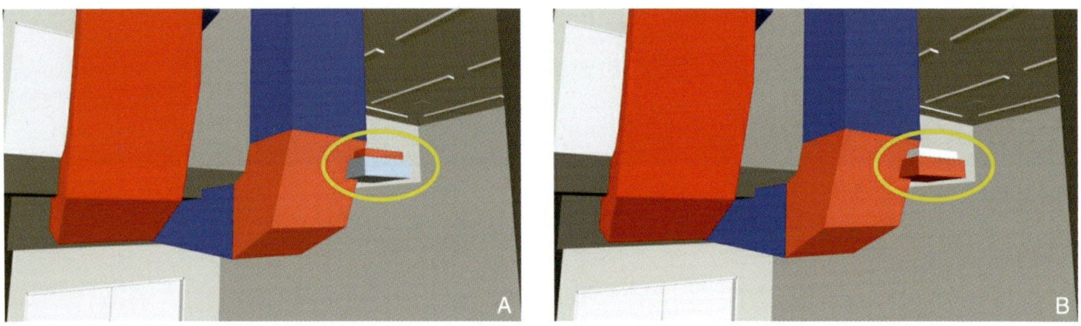

Figure 9.4 자동 간섭체크의 거짓 긍정 사례 – (A)와 (B)에 있는 덕트와 조명기구 간의 간섭. 표시된 같은 조명기구의 다른 부품들은 두 번의 간섭으로 간주된다

Table 9.2 샘플 건물의 2층에서 협력업체 간의 간섭 횟수

	HVAC			전기			배관			소방		
	T	FP	TP	T	FP	TP	T	FP	TP	T	FP	TP
HVAC												
HVAC												
배관												
소방												

T = 전체의 자동으로 표시된 간섭
FP = 거짓 긍정 횟수
TP = 참 긍정 횟수

결과물: 본 과제를 완료한 후, 학생은 3~5페이지의 리포트를 제출해야 하는데 여기에는 다음 사항이 포함된다. (1)Table 9.2 채우기, (2)프로세스를 설명하기 위한 Navisworks의 스크린샷을 포함한 전형적인 거짓 긍정 수와 참 긍정 수의 분석, (3)열거된 사항에 대한 논의(이에 국한되지 않음), 그리고 (4)Navisworks에서 생성된 간섭 보고서를 포함한 부록. 영상 및 부록은 페이지 제한에 포함되지 않는다. 이 과제는 11월 6일까지이며, 11월 6일 수업 시간에 보고서 하드카피를 제출하고 마감일까지 Canvas에 보고서를 제출해야 한다. 과제 마감일과 같은 날, 그룹 3과 4는 이 과제에 대해 강의실에서 발표해야 한다. 다음의 프레젠테이션 과제를 살펴보겠다.

프레젠테이션 과제는 다음과 같다(Table 9.3 참조). 해당 그룹이 프레젠테이션을 하는 경우 할당된 토론 사항만 다루는 10-15분 프레젠테이션을 준비해야 한다. 슬라이드에는 주로 토론 요점과 수치자료 등을 기재한다.

9.7 산업분야의 참여

초청 강의 및 업계 멘토가 제공하는 사례 연구 과제는 학생들이 업계 전문가와 연결 및 소통하고, 실무 경험을 통해 배우고, 수업 중에 배운 지식을 실제 실습으로 강화할 수 있는 좋은 기회를 제공하게 된다.

사례 연구 과제의 경우, 학생들은 코스의 강사와 한 개 회사의 지원을 받아 직접 연락하고 어떤 방식으로든 BIM을 활용한 프로젝트에 대한 사례 연구를 개발해야 한다. 논의해야 하는 질문에는 프로젝트 팀이 BIM을 사용하게 된 과제, 사용된 기술, 이러한 기술이 왜 문제 해결과 관련이 있는지, 프로젝트에서 BIM이 구현된 단계와 프로젝트 수명 주기의 어느 단계에 이러한 기술이 어떻게 기능하는지가 포함되며 이때 특별한 제한이 없도록 구성되어 있고, 측정 가능한 개선이 있었는지 여

Table 9.3 설계 조정 과제의 프레젠테이션 주제

그룹	프레젠테이션 주제
3	ㅁ 간섭 횟수 표를 채우기 위해 수행된 프로세스에 대한 토론. 얻은 결과에 대해 토론하고 분석에서 얻은 거짓 긍정의 예를 제시함. ㅁ 참 간섭 그룹화의 프로세스 논의 ㅁ Navisworks Manage®와 같은 소프트웨어 시스템과의 간섭을 감지하는 경우의 장점과 제한 사항은 무엇인가? ㅁ 간섭체크 같은 프로세스를 개선하기 위해 무엇을 할 수 있는가? ㅁ 보다 일반적으로 모델 기반 설계 조정 프로세스를 개선하기 위해 무엇을 할 수 있는가?
4	ㅁ 간섭 횟수 표를 채우기 위해 수행된 프로세스에 대한 토론. 얻은 결과에 대해 토론하고 분석에서 얻은 거짓 긍정의 예를 제시함. ㅁ 참 간섭 그룹화의 프로세스 논의 ㅁ Navisworks Manage®와 같은 흥미로운 것들에 대한 논의 ㅁ 식별되지 않은 거짓 부정(예: 식별되지 않은 간섭)을 생각할 수 있는가? 왜 이런 일이 일어나는 것인가? 어떻게 하면 이 문제를 최소화할 수 있는가? ㅁ 자동 간섭체크에서 보다 정확한 결과를 얻기 위해 건물 정보 모델을 작성할 때

Figure 9.5 산업분야 멘토에게 발표하는 학생 팀

Figure 9.6 교육용 BIM 설계조정미팅에서의 학생들. 산업분야 멘토가 지도함.

부, BIM 구현 과정에서 어떤 난제가 있었는지 등을 명시해야 한다. 각 팀은 인터뷰, 현장 방문 및 프로젝트 문서 분석을 통해 이러한 질문을 해결하게 된다. 학기 말에 각 팀은 세미나 환경에서 사례 연구를 발표할 것이다(Figure 9.5 참조). 이때 멘토가 초대되어 참석하면 세미나 내내 학생들에게 열띤 반응의 피드백을 제공할 것이다.

사례 연구에서 학생들에게 멘토링을 하는 것 외에도 업계 대표들은 BIM 과정에서 다양한 방법에 관여하게 된다. 일반적으로는 매 학기마다 서너 명의 초빙 강사를 포함한다. 각 초빙 강사는 다

Figure 9.7 수업에서 3D로 제출한 학생들.

른 회사 출신으로 BIM을 사용한 경험에 대해 이야기할 것이다.

Figure 9.6A와 9.6B는 설계 조정 모듈에 연결되어 있는 초청 강연을 보여주고 있다. 이 특별 초청 강연은 이 회사의 BIM 구현에 대한 개요에서 시작하여 직무의 일환으로 설계 조정을 수행하는 두 명의 BIM 엔지니어가 주도하는 모의 설계 조정 회의로 진행되었다.

Figure 9.7A와 9.7B는 초청 강사가 강의 후 개발한 수업 연습으로 어떻게 3D 표현이 다원적 팀 협업을 향상시킬 수 있는지를 보여준다.

9.8 학습한 내용

이 과정에서는 BIM을 다양한 관점에서 전체적인 프로젝트 성공에 영향을 미치는 필수 프로세스로 학습하는 것을 강조하게 된다. BIM의 핵심 가치와 BIM이 혁신적이고 비판적인 사고에 대한 특정 교육을 통해 미치는 광범위한 영향을 이해하는 것이 소프트웨어를 마스터하는 것보다 훨씬 더 중요하다. 9년 동안 과정을 반영하여 학습한 주요 교훈에는 (1)프로젝트 기반 학습, (2)과정 설계의 모듈식 구조, (3)업계 참여, (4)학습 성과에 대한 지속적인 추적 등이 포함된다. 이 챕터에서 따라온 학습 성과에 대한 자세한 내용은 Wang and Leite(2014)를 참조하기 바란다.

프로젝트 기반 학습은 과정 전반에 걸쳐 자기 주도적 학습과 비판적 사고를 장려함으로써 학생들에게 실제 현장의 문제와 능동적인 학습 경험을 제공한다. 강의, 팀 기반 학습 및 개인 학습의 조합은 학생들에게 잘 구조화된 지식을 제공할 뿐만 아니라, 자기 성찰로 보완된 협업 환경에서 작업 및 학습을 연습할 수 있도록 한다. BIM과 같은 떠오르는 기술과 트렌드를 고려할 때, 대학교육은 '무엇' 외에도 '왜'와 '어떻게'에 더 중점을 두어야 할 것이다(BIM 프로세스가 기존 프로세스보다 나은 이유는 무엇인가? 소프트웨어 응용 프로그램이 좋거나 나쁜 이유는 무엇인가? 어떻게 개선할 수 있을까?). 학생들은 단순히 도구를 사용하는 방법을 아는 것보다 도구로 배우고 생각하는 방법을 아는 것에서 더 많은 교육 이점을 얻는다.

본 코스에서 사용되는 모듈 구조는 각 교육 모듈에 대한 표준 형식을 설정하지만 코스 내용 측면에서도 유연성을 제공할 것이다. 학생들은 강의, 독서, 실험실 튜토리얼, 실험실 기반 연습, 복습 및 토론을 통해 각 모듈에서 적절한 교육을 받고, 필요에 따라 교육 모델의 내용을 업데이트할 수 있다. 항상 학습되는 세 가지의 기본 모듈은 모델 기반 비용 추정, 스케줄링 및 4D 시뮬레이션, 설계 조정 등이다. 학기 내내 학습되는 추가 모듈로는 빌딩 에너지 시뮬레이션, 사진측량으로 생성되는 3D 모델, 현장 배치 계획 등이 있다.

학생들이 산업 관행과 기대치를 숙지하는 것 또한 중요하다. 잘 지도된 과정 외에도 사례 연구와 초청 강의는 학생들이 비전을 확장하고 혁신적인 아이디어를 장려하는 좋은 방법이다. 이 코스는 본 대학의 첫 번째 BIM 과정이고, 업계 멘토와 동문 네트워크를 통해 이 프로그램을 수료한 졸업생(학부와 대학원생 모두)은 이미 이 코스의 혜택을 누리고 있다. 많은 이전의 학생들이 미국과 해외의 다양한 시공사에 BIM 엔지니어 또는 VDC 코디네이터로 고용되었고, 몇몇은 BIM 과정의 멘토 또는 객원 강사 역할을 하고 있다.

9.9 요약 및 논의 사항

이 챕터에서는 UT Austin 대학에서의 첫번째 BIM 수업의 경험과 강의 내용을 설명하고 있는데, 이는 차세대 AEC 전문가들이 BIM을 이해하고 효과적으로 계획 실행에 활용할 수 있도록 하는 교육 내용이다. 본 코스의 기본 철학은 단순히 도구를 사용하는 방법을 아는 것이 아니라 도구를 사용하여 배우고 생각하는 방법을 아는 데 초점을 두고 있고, 이는 본 코스가 어떻게 설계되었는지를 보여주고 있다. 따라서 우리 학생들은 평생 학습자가 되어 소프트웨어 기술을 습득할 수 있게 된다. 학교에서는 BIM 프로세스와 도구가 의사결정을 지원하고 강화하는 방법, 제한 사항, 당면한 문제에 적합한 도구 또는 프로세스를 선택하는 방법을 배워야 할 것이다. 이 챕터에서는 본 코스의 개요와 샘플 교육 모듈을 제공했는데, 교육자들은 이 모듈을 이와 같은 프로젝트 기반 BIM 과정을 개발하기 위한 출발점으로 사용할 수 있을 것이다.

이 챕터를 읽은 후, 다음에 대해서 생각해 보시오.

1. 문제 기반 학습(PBL)은 무엇이며 BIM 교육과는 어떤 관계가 있는가?
2. 프로젝트 기반 방식으로 BIM을 교육함으로써 얻을 수 있는 이점은 무엇인가?
3. 공학 교육의 관점에서, PBL은 종종 협동 학습과 결합되곤 한다. 그것이 전통적인 교육 방식과 어떻게 다른가?
4. 공학 교육에서 PBL, 프로젝트 기반 학습, 협동 학습의 많은 이점을 고려할 때, 이러한 교육적 접근법이 공학 수업에서 더 널리 보급되지 않는 이유는 무엇인가?

References

Deutsch, M. 1949. "A Theory of Cooperation and Competition." Human Relations 2: 129–152.

Eastman, C., P. Teicholz, R. Sacks, and K. Liston. 2008. BIM Handbook: A Guide to Building Information Modeling for Owners, Managers, Designers, Engineers, and Contractors. Hoboken, NJ: John Wiley & Sons.

Johnson, B.T., and D.E. Gunderson. 2009. "Educating Students Concerning Recent Trends in AEC: A Survey of ASC Member Programs." Associated Schools of Construction: Proceedings of the 45th Annual Conference, University of Florida–Gainesville. ascpro0.ascweb.org/archives/cd/2009/paper/CERT144002009.pdf.

Johnson, D.W., G. Maruyama, R. Johnson, D. Nelson, and L. Skon. 1981. "Effects of Cooperative, Competitive, and Individualistic Goal Structures on Achievement: A Meta–Analysis." Psychological Bulletin 89(1): 47–62.

Johnson, R.T., D.W. Johnson, and M.E. Stanne. 1986. "Comparison of Computer–Assisted Cooperative, Competitive, and Individualistic Learning." American Educational Research Journal 23(3): 382–92.

Krygiel, E., and B. Nies. 2008. Green BIM: Successful Sustainable Design with Building Information Modeling. San Francisco: Sybex.

Leite, F., A. Akcamete, B. Akinci, G. Atasoy, and S. Kiziltas. 2011. "Analysis of Modeling Effort and Impact of Different Levels of Detail in Building Information Models." Automation in Construction 20(5): 601–609. https://doi.org/10.1016/j.autcon .2010.11.027.

Leite, F. 2016. "Project–based Learning in a Building Information Modeling for Construction Management Course." Journal of Information Technology in Construction(ITCon)21. Special Issue 9th AiC BIM Academic Symposium & Job Task Analysis Review Conference. 164–176. www.,tcon.org/2016/11

McGraw–Hill Construction.(2012). SmartMarket Report: The Business Value of BIM in North America. Bedford, MA: McGraw–Hill Construction.

Nembhard, D., K. Yip, and A. Shtub. 2009. "Comparing Competitive and Cooperative Strategies for Learning Project Management." Journal of Engineering Education 98(2): 181–192.

NIST. 2004. "Cost Analysis of Inadequate Interoperability in the US Capital Facilities Industry." NIST GCR 04-867.

Savery, J.R. 2006. "Overview of Problem-based Learning: Definitions and Distinctions." The Interdisciplinary Journal of Problem-based Learning 1(1): 9-20.

Slavin, R.E. 1990. Cooperative Learning Theory, Research, and Practice. Englewood Cliffs, NJ: Prentice Hall.

Wang, L., and F. Leite. 2014. "Process-Oriented Approach of Teaching Building Information Modeling in Construction Management: ASCE Journal of Professional Issues in Engineering Education and Practice 140(4): 1-9. https://doi.org/10.1061/(ASCE)EI.1943-5541.0000203.

Chapter 10

설계 조정의 미래 전망

10.0 개요

소프트웨어 및 하드웨어 기술이 발전함에 따라 현재 BIM(빌딩 정보 모델링) 기반 설계 조정 프로세스는 향후 10년 이내에 크게 바뀔 것으로 예상된다. 여러 부문의 데이터를 통합하거나, 그룹 간섭을 평가 또는 이를 평가하기 위한 시퀀스를 개발하는 대신, 인공지능을 활용하고, 오늘날 계획한 데이터 준비작업 및 분석이 많이 필요하지 않은 접근방식을 생각해 볼 수 있다.

이 챕터에서는 가상 설계 및 시공의 미래에 대한 비전을 논의할 것이다. 특히 기술발전과 그 적용이 상당히 빠르게 진전하고 있기 때문에 미래가 어떻게 될지 예측하는 것은 대단히 어렵다. 그러나 나는 그동안 관찰해왔던 것과 그것이 내 연구과제에 어떻게 영향을 미쳤는지를 복기해볼 수는 있다. 이 챕터의 일부(10.2.2 및 10.2.3 섹션)는 Springer가 발행했던 Leite(2018)를 기반으로 하며, 이 책이 출판될 수 있는 저작권 허가를 부여 받았다.

10.1 소개

이 책의 앞 장에서는 성공적인 BIM 기반 설계 조정을 위한 프로젝트 수립, 모델 품질 및 개발 수준(LOD) 고려의 중요성, 성공적인 설계 조정 세션 수행 방법, 일반적인 설계 조정에 관여하는 주요 이해 관계자를 위한 구체적인 지침을 다뤄왔다. 그러나 건설 산업에 수많은 신기술이 구현되거나 시범 적용됨에 따라 향후 10년 이내에 산업 전반의 판도가 크게 바뀔 수 있을 것이다. 현재까지도 BIM 기반 설계 조정에서 볼 수 있는 많은 부분은 라이트 테이블에서 2D 설계 조정을 수행하는 것이다. 라이트 테이블에서는 한 번에 두 개의 작업교환을 통해 작업 범위를 조정할 수 있다. 설계 조정 소프트웨어는 사용자가 통합 모델에 대해 양쪽으로 테스트를 수행하도록 함으로써 이 같은 작업을 그대로 수행할 수 있다. 예를 들면 Figure 10.1에 나온 것처럼 난방, 환기 및 에어컨(HVAC)과 전기 작업연결 간의 간섭 테스트 등에서 적용될 수 있다.

가까운 미래에는 사용자가 설계에서 시공에 이르기까지 프로젝트 팀과 데이터를 실시간으로 연결할 수 있는 Autodesk BIM 360®과 같은 클라우드 기반 협업 플랫폼의 사용이 증가함에 따라 간섭 체크에 필요한 시간과 노력이 줄어들 것이다. 이 해당사자들은 더 이상 시스템과 간섭이 있는지 확인하기 위해 매주 열리는 설계 조정 회의를 기다릴 필요조차 없을 것이다. 이들은 모델링 중이므로 실시간으로 확인할 수 있으며, 다른 이해 관계자도 협업 작업 환경 내에서 확인할 수 있다. Figure 10.2는 협업 작업 환경에서 모든 작업들 간의 간섭체크를 보여준다.

클라우드 기반 협업 플랫폼은 보다 효율적인 협업을 가능하게 하며, 자동 또는 반자동 라우팅 시스

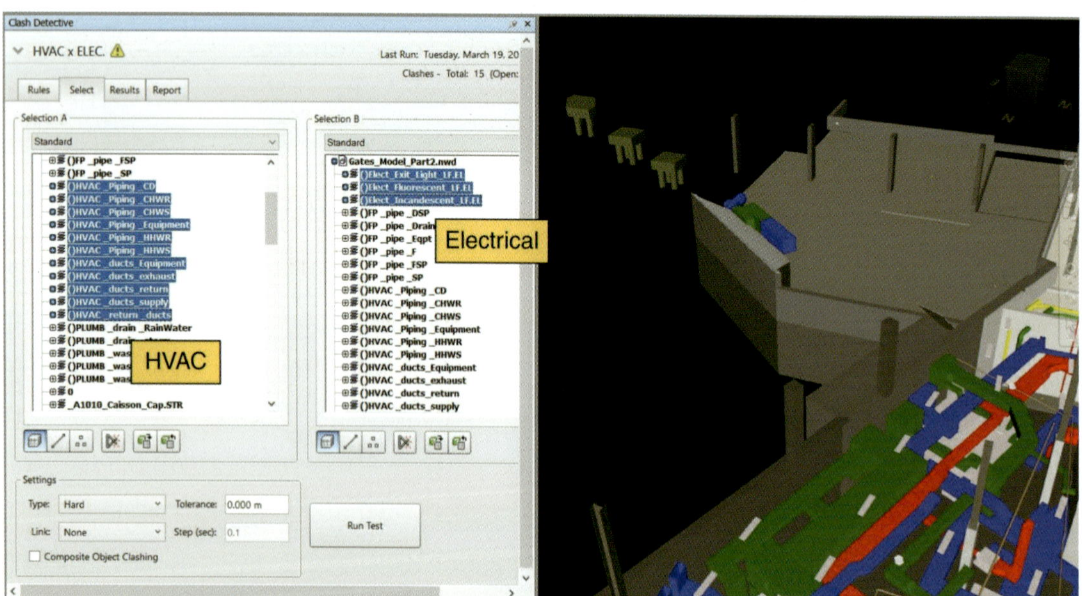

Figure 10.1 Autodesk Navisworks Manage®에서 설정한 양측 간섭의 사례
출처: Autodesk screen shots reprinted courtesy of Autodesk, Inc.

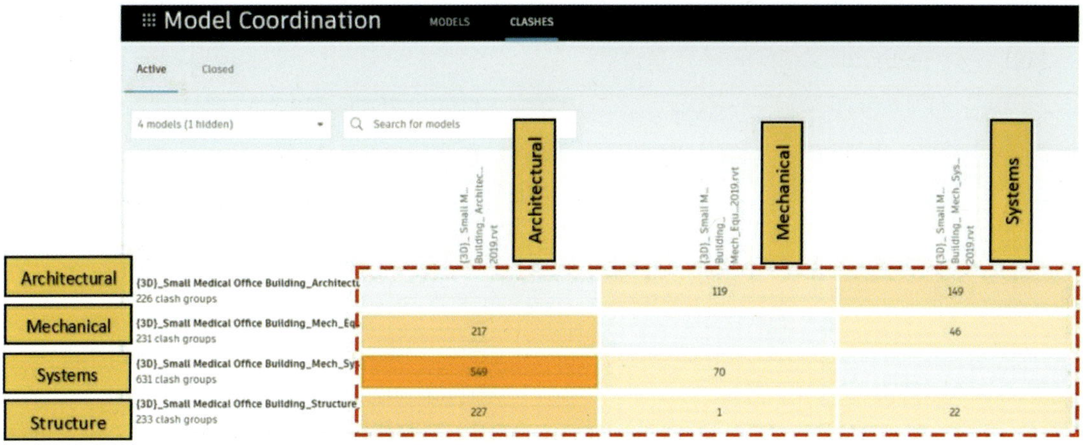

Figure 10.2 Autodesk BIM 360®에서 설계조정 통합환경 사례
출처: Autodesk screen shots reprinted courtesy of Autodesk, Inc.

템과 결합할 경우 문자 메시지 및 이메일을 위한 자동 완성 스마트시스템을 통해 설계 조정을 더욱 강화할 수 있게 될 것이다. 다른 상호작업에서 진행 중인 업무와 설계진행을 실시간으로 확인할 수 있을 뿐만 아니라, 최근의 발전된 생성적 설계를 활용하여 라우팅 및 간섭을 자동 수정할 수 있는 시스템을 갖춘 협업 환경에서 작업하는 경우를 상상할 수 있다. 나의 연구 중 일부는 이러한 비전에 의해 동기부여가 되었고 이번 챕디에서 이를 논의할 것이다.

10.2 설계 조정을 위한 새로운 기술

2015년부터 2018년까지 3년동안 나는 Fiatech (Fully Integrated & Automated Technologies)라는 조직에 속한 Horizon-360 위원회의 공동 위원장을 맡았다. Fiatech는 현재 건설 산업 연구소(CII)의 일부이며, Horizon-360은 여전히 CII 내의 위원회로 존재하고 있다. 원래 위원회는 약 12명의 개인으로 구성되어 있었으며, 이들은 모든 산업 및 학계의 기술 애호가들이었다. Horizon-360은 간단히 말해 향후 30년 이내에 아키텍처, 엔지니어링, 건설 및 설비 관리(AECFM) 업계에 영향을 미칠 수 있는 기술을 찾기 위해 다른 업계의 기술을 전반적으로 검색하는 업무를 담당했다. 이 작업을 통해 AECFM 업계의 새로운 기술 목록이 도출되었다. 이 검색된 기술에는 잠재적인 혁신적 산업 발전들뿐만 아니라 점차적으로 영향을 미치는 기술도 포함되었다. 지금까지 Horizon-360 팀은 AECFM 업계에 영향을 미칠 수 있는 23가지 기술을 확인했는데 이는 자동차의 바깥 뼈대에서 자율주행 까지의 범위, 가상 현실(VR)/증강 현실(AR)/혼합 현실(MR) 등이다. 이러한 기술 중 몇 가지는 프로젝트 제공 방식을 전반적으로 변경할 수 있는 잠재력을 가지고 있다. 여기에는 관리 방법도 포함되는데 이는 단편화 되어가는 우리 산업에 대한 관리 방법, 기술을 통해 노동자들의 역량을 강화함으로써 증가하는 고급 수공업 기술자의 수요를 충족하는 방법 등을 포함한다. Horizon-360 팀이 파악한 기술 중 설계 조정에 보다 직접적인 영향을 미칠 수 있는 기술은 다음과 같다.

- VR(가상현실)/AR(증강현실)/MR(혼합현실) 등 협업 VR/AR/MR, 그리고 다중사용자 협업 등
- 자동화된 설계조정 지원 인공지능(AI)
- 자동화된 모델 업데이트 방식에 대한 컴퓨터 비전 및 딥러닝

각 내용은 아래에서 자세히 설명하려고 한다.

10.2.1 가상, 증강 및 혼합 현실

BIM, 즉 시설의 3D 모델링은 여러 복잡한 작업들 간의 설계 조정, 재작업을 최소화하기 위한 공정 최적화, 작업내용에 대한 더 나은 시각화를 통한 건설 안전 강화 등 건설 업계의 오랜 문제에 대한 해결방법들을 성공적으로 만들어왔다. 프로젝트 설계 및 시공 프로세스를 시각화 하는데 n차원 디지털 모델을 사용함으로써 달성할 수 있는 가상 프로토타이핑이 이러한 개선의 핵심 요인일 것이다. BIM의 성공적인 구현과 유익한 결과는 시각화가 이러한 과제에 적합한 솔루션이라는 것을 보여주지만, BIM 기반 가상 프로토타이핑과 실제 프로토타이핑 사이에는 여전히 차이가 있다. 물리적 간섭으로 이어지지 않는 설계 오류와 같이 BIM에서 감지되지 않은 문제는 여전히 건설 전문가들에게 어려움을 주고 있다. 하지만 향상된 시각화 기술을 사용하여 그러한 문제를 완화하는 것을 도울 수는 있다.

최근 건설업계는 VR, AR, MR에 큰 관심을 보이고 있는데, VR, AR, MR의 개념은 사용자가 컴퓨터 생성 환경에서 생생한 몰입감을 느낄 수 있도록 하는 것이다. VR은 현실 세계를 완전히 차단하여 가상 세계에서만의 몰입감 있는 환경을 제공한다. AR은 위치 정보와 같은 특정 소프트웨어 설정을 기반으로 가상 세계를 실제 환경에 덧입히는 기술이다. 또한 MR은 실제 세상의 기술에 대한 이해를 바탕으로 가상 환경을 실제 환경에 덧입히게 된다. 즉, MR은 가상 개체가 실제 환경에 통합되어 응답하는 향상된 AR이라고 할 수 있다. 이러한 가상 환경은 HMD(헤드 마운트 디스플레이)와 멀티센서 입출력 디바이스를 사용하여 사용할 수 있게 된다. AR과 MR은 태블릿 컴퓨터나 스마트폰에서도 구현이 가능하지만 VR, AR, MR 활용 사례를 구현할 수 있는 새로운 HMD도 속속 출시되고 있다. 구체적인 사용 사례는 다르지만, 이러한 몰입형 시각화 기술은 프로젝트 관계자들에게 훨씬 더 몰입적이고 상호작용적이며 잠재적으로 협업 가능한 프로토타입 제작 환경을 제공할 수 있다(Figure 10.3~10.5 참조).

UT Austin 대학에 있는 나의 연구팀은 중공업 부문이 우리 프로젝트에서 측정 가능한 긍정적인 영향을 미칠 수 있는 사용 사례를 파악하기 위해 CII 팀과 함께 연구해 왔다. 설계 검토 사용 사례에 대한 사용자 테스트의 초기 결과는 아주 유망한데, 데스크톱 기반 VR 환경에 비해 초보 및 전문가 그룹이 HMD를 사용하여 테스트한 지 1주일 후에 감지된 설계 오류 수와 이러한 오류의 회수율이 눈에 띄게 개선되었다. VR/AR/MR과 같은 기술을 활용한 활용 사례가 엔지니어링 및 건설 분야의 전문가에게 실질적인 업무 성과 향상에 도움이 되는지를 파악하는 데 주력하는 연구에 주목한다면, 이런 기술들이 오랜 테스트의 시간을 견뎌낼 수 있기를 희망해본다.

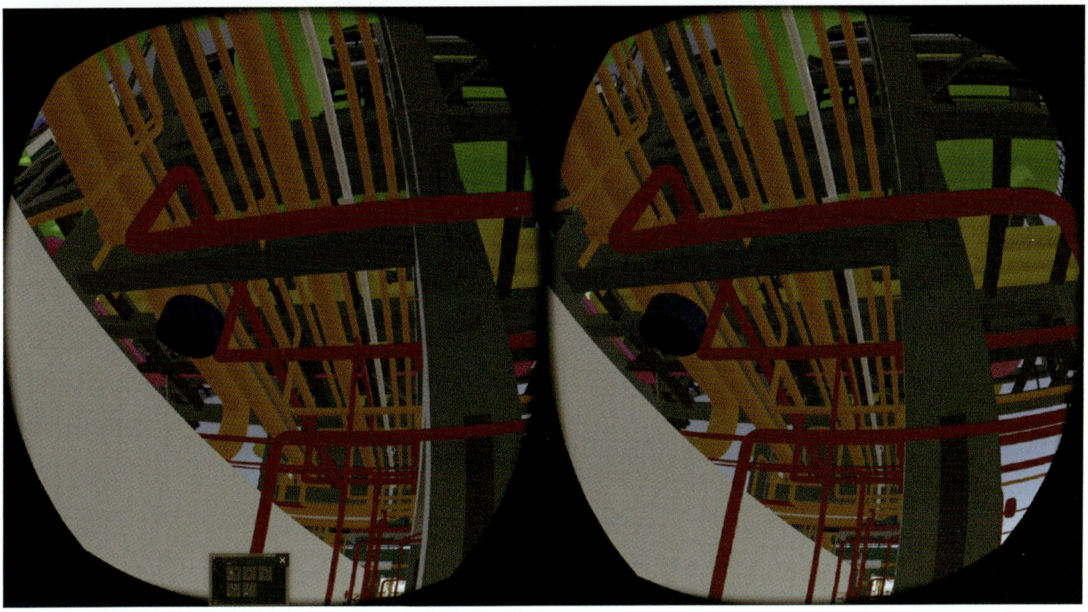

Figure 10.3 HMD를 사용해서 보는 산업 플랜트의 가상현실 뷰

Figure 10.4 파이프다발의 서포트 분실을 확인하는 가상현실에서의 설계검토 세션

Figure 10.5 작업공간 계획자가 설계자와 설계오류를 검토함 – 추락방지레일 분실

10.2.2 자동화된 설계 조정을 지원하는 인공지능

AECFM 업계에서 모바일 컴퓨팅이 널리 채택됨에 따라 이제 정보와 데이터가 어디에서나 생성 및 배포되는 시대로 접어들었으며, 이러한 결과로 프로젝트 조직들은 정보와 데이터들을 고속으로, 대량으로, 매우 다양한 형식으로 생성되는 결과를 얻을 수 있다. 주요 프로젝트의 라이프 사이클에서 생성되는 정보와 데이터의 양이 증가함에 따라, 정보를 포함한 모델링은 주요시설의 설계, 엔지니어링, 건설 및 유지 관리에 있어 중요한 요소가 되고 있다(Leite et al., 2016).

동시에, 우리는 건설 산업에서 고품질의 수공업 인력이 크게 부족한 상황을 맞이하고 있다. Karimi et al.(2018)은 이러한 부족의 영향을 조사한 결과, 수공업 부족이 발생한 프로젝트는 그렇지 못한 프로젝트에 비해 높은 비용 증가를 보인 것으로 결론을 내렸다. 우리가 프로젝트를 제공하는 방법을 다시 생각해보지 않는다면 이것은 우리의 산업을 계속해서 괴롭힐 문제가 될 것이다.

한 가지 접근 방식은 AI와 훈련 알고리즘을 사용하여 베테랑 근로자의 경험적 지식으로부터 학습을 배우는 것이다. 그런 다음 이 지식을 활용하여 초보자를 교육함으로써 현장 경험이 적은 근로자를 보강하게 된다. 이것은 우리가 UT Austin에서 했던 과거 연구 프로젝트 중 하나로 채택한 접근 방식이다. 구체적으로, 우리는 이 과정을 수행하는 초보자를 훈련시키기 위해 설계 조정에서 암묵적인 경험적 지식을 어떻게 얻는지에 대한 방법을 찾으려 노력해왔다.

MEP(기계, 전기 및 배관)의 설계 조정에서 만들어지는 의사결정과 접근 방식은 다양한 분야에서 훈련된 전문가의 전문성과 지식에 따라 크게 좌우된다. 일반적으로 GC 또는 주 설비건설업자를 대표하는 MEP 설계 조정자는 시스템 간의 간섭과 간섭을 수집하고 식별하는 작업들을 조정하게 된다. 이들은 조정 회의 중에 명확한 질문을 하는 일을 하고 종종 해결책을 내놓기도 한다. 이 과정에서 코디네이터의 암묵적이면서 경험적인 지식이 자주 요구되며 경험이 부족한 팀원들에게 전달되도록 하는 역할을 한다.

최근 몇 년 동안 설계 조정자는 보통 중요한 간섭과 덜 중요한 간섭을 구별하는 방법과 중요도에 따라 간섭의 우선순위를 정하고 팀에 제안을 제공하는 방법 또는 전문성과 경험을 바탕으로 의사결정을 내리는 방법을 알고 있는 숙련된 기술자들이었다. 하지만 불경기로 인해 미국 업계의 베테랑 엔지니어가 고갈되고 BIM의 사용이 증가함에 따라 건설회사들은 점점 더 초보 엔지니어들에게 갈등 해결 조정들에 대한 일들을 맡기기 시작했다. 젊은 엔지니어들이 조정 소프트웨어 시스템 운영에 능숙할 수 있지만, 이들은 MEP 설계와 조정에 있어 충분한 실무 경험을 가지고 있지 못하다.

MEP 설계 조정에 BIM을 사용함으로써 이용 가능한 데이터의 양과 품질이 크게 향상되었지만, 효율적인 고품질 의사 결정을 위해서는 여전히 상당한 경험적 지식이 필요하고 그러한 지식을 실질적으로 사용하기 위한 프로세스는 이제 흔들리고 있다. 우리는 모델 기반 설계 조정 시 숙련된 MEP 코디네이터의 행동을 초보자와 비교하는 연구를 수행하였다. 이 연구 결과에 따르면 초보 코디네이터에 비해 숙련된 코디네이터가 관련 정보를 찾고 외부 정보 출처를 보다 효율적으로 식별할 수 있음을 보여준다. 숙련된 코디네이터는 작업모델 내에서 보다 심층적인 분석을 수행할 수도 있음을 보여준다(Wang & Leite, 2014a, 2014b).

우리 팀은 소프트웨어로 만들어진 의사결정 지원 시스템을 통해 과거 프로젝트에서 추출한 경험적 지식을 이용할 수 있을 때 조정 작업에 대한 초보자의 성과가 향상될 수 있는지 여부를 조사했다. 결과에 따르면 이러한 의사 결정 지원은 설계 조정 작업을 수행하는 데 소요되는 시간을 크게 줄이고 간섭 해결의 정확도를 높이는 것을 보여준다.

이러한 초보 디자이너를 교육하기 위한 경험적 지식을 얻을 수 있다는 비전을 가지고 우리는 디자인 조정 작업에서 보다 나은 설계 결정을 내리고 공동 작업 효율성을 개선하며 초보 디자이너/엔지니어를 양성하는 방법을 개발하기 위해 경험적 지식을 찾아내고, 대변하고, 공식화하는 접근방법을 개발헤왔다(Wang & Leite, 2016). 이 접근방법은 설계 조정 중에 전문가의 결정을 객체 지향적이고 컴퓨터가 이해할 수 있는 방식으로 체계적으로 포착할 수 있도록 하며, 정보들의 재사용을 위한 데이터베이스 및 기계 학습 능력을 활용하게 한다.

우리는 많이 사용하고 있는 설계 조정 소프트웨어 시스템인 Autodesk Navisworks®의 플러그인으로 작동하는 TagPlus(Figure 10.6 참조)라는 프로토타입 시스템을 개발했다. 이 시스템은 설계 조정 결정과정을 기록하고 각 과정 사례들을 관련

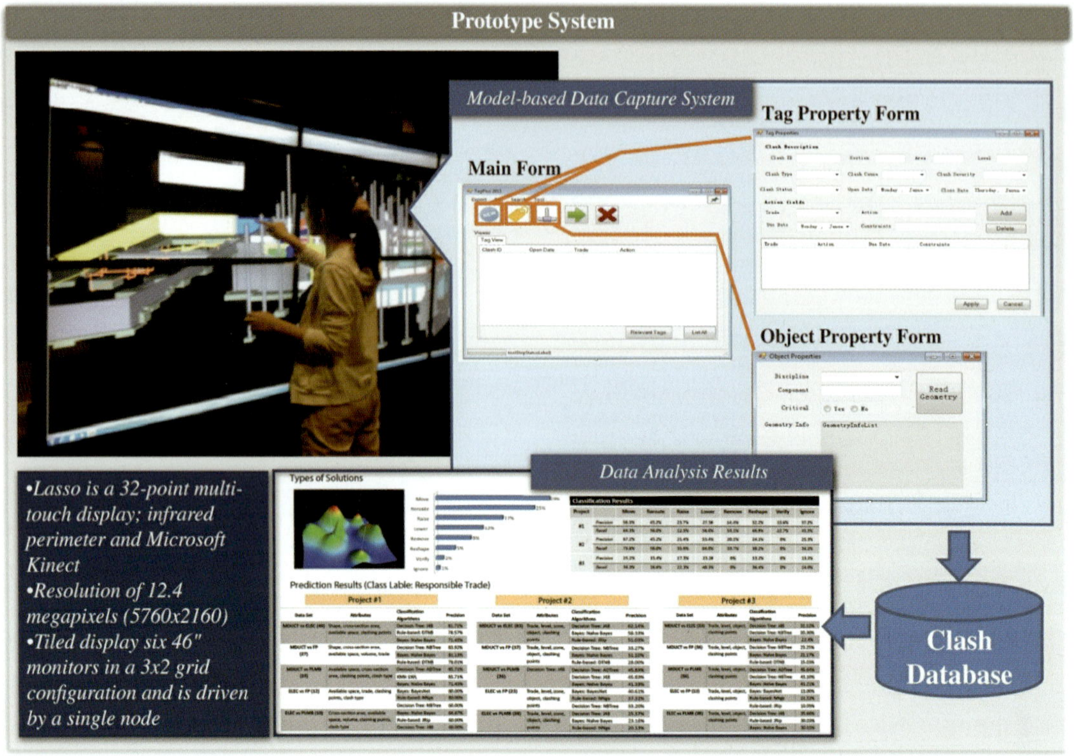

Figure 10.6 BIM기반의 MEP 설계조정에서 전문가의 경험지식을 포착하는 TagPlus 프로토타입 시스템

3D 객체에 직접 저장한다. 그런 다음 이 정보를 MEP 간섭과 이와 관련된 전문가 솔루션 설명서들의 데이터베이스에 저장하고 이 정보들을 사용하여 지식의 알고리즘을 학습하고(Figure 10.7 참조), 궁극적으로 초보 설계자들에게 설계 조정 작업들에서 성능을 향상시키는 문제 기반 학습 플랫폼을 제공하게 된다. TagPlus에 대해서는 Wang & Leite(2015)에 자세히 설명되어 있다.

초보자를 대상으로 한 테스트는 지식이 접목된 접근 방식이 큰 잠재력이 있음을 보여주었다. 그러나 보다 심층적인 분석을 위해서는 추가 데이터가 필요하다. 참가자들의 피드백과 초보자를 대상으로 한 실험 연구를 기준으로 할 때, 의사결정 지원 시스템이 제공하는 정보는 간섭을 보다 효율적이고 효과적으로 이해하는 데 도움을 주었다. 다음은 몇 가지 응답 사례이다. "이것은 간섭을 더 쉽게 이해할 수 있게 해 주었다", "디자인 의도와 제약이 공간 및 시간적 맥락을 가져오는 데 적절한 매개 변수라고 생각한다.", "그 제안들은 명확하고 일반적으로 적절했으며 의사결정에 도움이 되었다." 및 "간섭에 대한 모든 정보를 명확하게 제공하는 데 있어서 시간을 절약해 준다.".

의사결정 지원 시스템은 또한 참가자들이 간섭과 해결책을 문서화하기 위해 보다 조직적인 구조가 만들어지도록 도왔고 의사결정 과정 동안 여러 요소(설계 의도 및 제약 등)를 포함함으로써 폭넓은

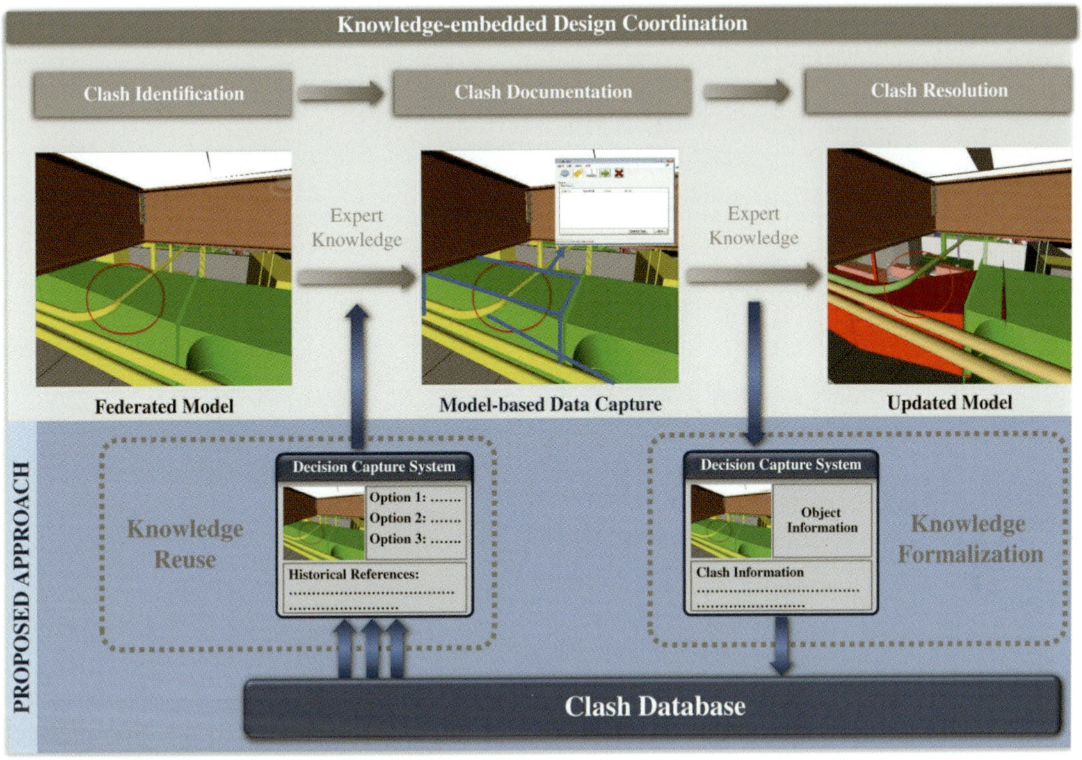

Figure 10.7 설계조정에서 지식의 형식화 및 재사용

고려가 가능하도록 했다.

요약하자면, 현재 설계 조정 연구 결과는 의사결정 지원을 이용할 수 있을 때 간섭 당 평균 소요 시간이 상당히 줄어든다는 것을 보여준다. 하지만 예측결과의 정확성은 여전히 개선되어야 한다. 이러한 결과는 의사결정 지원이 초심자의 작업 성과에 어떻게 영향을 미칠 수 있는지를 보여주고, 또한 지식이 접목된 의사결정 지원 시스템의 향후 개선을 위한 부분을 명확하게 한다. 이 연구는 설계 조정 작업이 잠재적으로 자동화되거나 반 자동화되도록 만드는 작업의 시작에 불과하다.

10.2.3 자동화된 모델 업데이트 지원에 대한 컴퓨터 비전 및 딥러닝

사회기반시설과 건물들은 수십 년의 긴 기간동안 사용가능한 수명을 갖도록 설계되었다. 세계의 많은 건물들은 수세기 후에도 수많은 리노베이션을 통해 여전히 사용되고 있다. 이 긴 사용 단계는 건물의 수명 주기의 대부분을 나타내지만, 시설 자체가 역동적이고 준공 상태가 자주 변경되더라도 운영 및 유지보수(O&M)와 관련된 정보는 최신 상태로 유지되는 경우가 드물다. 이것은 건축 개보수 프로젝트의 설계 조정에 있어 주요한 과제이다.

최신 준공상태에 대한 정보의 부족은 O&M 중의 의사결정에 영향을 미치며, 이미 사용 가능할 것으로 예상되는 시설 정보의 검색, 검증 또는 재생성 비용이 증가하게 된다(Fallon & Palmer, 2007). Gallaher et al.(2004)은 O&M 인력은 미국 수도 시설 산업에 연간 48억 달러의 비용을 지출하여 만든 문서화가 현재 상태를 정확하게 나타내는지 검증하고, 해당 정보를 사용 가능한 형식으로 변환하는 데 추가로 6억 1천 3백만 달러를 지출한다고 추정했다. 데이터베이스와 데이터 모델은 구조물의 수명 주기 동안 여러 정보를 보존하기 위한 모범 사례이며, BIM의 빠른 채택이 잠재적으로 이상적인 해결책이 될 수 있다. 하지만 안타깝게도 BIM은 현재 주로 건설 단계에서 프로젝트 관리 목적으로 사용되고 있다.

O&M을 위한 빌딩 정보 모델이 광범위하게 채택되지 않은 배경에는 모든 변경 사항에 대한 프로젝트 모델 업데이트가 광범위하게 수행되고 있기 때문이다. 구조물의 긴 수명 주기에 걸쳐 모델을 수동으로 업데이트하는 것은 번거롭고 오류가 발생하기 매우 쉽다. 따라서, 인간인 운영자와 건설업자들은 종종 건물 정보 모델을 최신 상태로 유지하는 것을 꺼리고 태만하기 쉽다. 업무 참여자가 제대로 의도했더라도 업데이트가 올바른 지 또는 정보가 누락되었는지 판단하기는 어렵다. 따라서 이러한 정보가 유용하고 시기적절하며 정확하기 위해서는 프로세스의 전산 자동화가 필수적인 것으로 보인다.

UT Austin 대학의 우리 팀은 Drexel University의 동료들(James Lo & Ko Nishino)과 함께 Living BIM이라는 국립 과학 재단 프로젝트를 진행하고 있다. 본 연구는 주어진 구조에서 BIM의 자동적이고 지속적인 업데이트가 어떻게 가능하고 그러한 업데이트가 시설과 구조물의 긴 수명 주기에 어떻

Figure 10.8 건물 시설의 일부를 묘사한 commodity range camera를 사용하여 만든 3D 재구성:(A)컬러 텍스처가 캡처된 원본 스캔, (B)6D DBSCAN 기반 분할 방법을 사용하여 사전 분할된 스캔, (C)의미론적으로 분할된 스캔

Figure 10.9 건물 시설의 일부를 묘사한 commodity range camera를 사용하여 수집된 2D 영상; (A)GB 컬러 채널; (B)깊이 채널; (C)2D 영상의 의미 분할

게 도움이 될 수 있는지 입증하는 것을 목표로 하고 있다.

이 프로세스를 자동화하기 위해 컴퓨터 비전은 환경을 감지하고 BIM 데이터베이스 업데이트를 위한 의사결정 입력을 제공하는 데 사용된다. 개방된 세상에서의 컴퓨터 비전은 극도로 어려운 문제에 직면하게 되는데, 바로 감지된 객체를 식별하는 것이다. BIM 데이터베이스 자체는 감지된 객체에 대한 상황별 식별 기능을 제공하는 리소스로 사용될 수 있기 때문에, 건설 환경의 경우 예상되는 대상들에 대해서 다양성에 있어 덜 역동적이라고 주장할 수도 있다. 객체 식별의 복잡성이 감소함에 따라 장기간에 걸쳐 기계 비전을 통해 BIM을 업데이트하는 반복적인 프로세스는 기계 비전 프로세스 자체를 지속적으로 트레이닝할 수 있다. 이에 따라 검출 품질을 개선하고 거짓 긍정 및 기타 오류의 가능성을 줄일 수 있다.

우리 팀은 빌딩 시스템 스캔작업에서 의미론적 세분화 문제에 딥러닝 방법을 적용하기 위해 새로운 빌딩 포인트 클라우드 세분화 방법을 설계하고 교육을 위한 데이터 세트를 만들고 큐레이션하기 시작했다(Figure 10.8 및 10.9). 우리는 컴퓨터 비전으로 어떤 컨텐츠를 제공할 수 있는지 연구하기 시작했다. 이러한 새로운 의미 세분화 방법이 전례 없는 다재다능함을 보여주었기 때문에 데이터 처리를 위한 방법으로 딥러닝을 사용하기로 결정했다. 딥러닝은 몇 가지 유형의 시나리오에서 단일 유형의 개체를 식별하는 알고리즘을 수작업 엔지니어링으로 하는 대신, 유사한 다양한 범위의 시나리오에서 많은 다른 유형의 개체를 식별할 수 있는 가능성을 가지고 있다. 안타깝게도 딥러닝 네트워크가 빌딩 시스템을 분류하거나 의미론적으로 세분화하도록 만들어져 왔던 기존 데이터 세트가 없었다. 우리 팀은 이러한 데이터 세트를 생성하는 다양한 방법을 모색해 왔다. 3D 컴퓨터 모델링 및 사실적인 렌더링을 사용하여 합성된 RGB-D(색상 + 깊이) 이미지를 생성할 수도 있다. 스캔 작업을 모아 수동으로 주석을 달 수도 있다. 스캔된 내용에수동으로 주석을 추가하는 과정에서 우리는 의미론적인 포인트 클라우드에 접근할 수 있는 새로운 6D DBSCAN 기반 접근 방식을 개발했는데, 이는 사전처리단계로서 수동으로 그룹화된 클러스터에서 의미론적으로 유의미한 그룹화로 넘어가는 것이다(Czerniawski et al., 2018).

충분히 큰 데이터 세트가 생성되면 신경망 네트워크에서 의미론적 세분화 스캔을 트레이닝하는 단계로 넘어가고, 이러한 세분화 스캔을 사용하여 자동 3D 모델링을 수행할 것이다. 3D Facilities라고 부르는 건물 설비의 3D 재구성을 위한 초기 주석처리된 데이터셋은 Czerniawski & Leite(2018)에 자세히 표현되어 있다. 이 데이터 세트에는 주석이 달린 50개의 장면 재구성으로 구성된 11,000개 이상의 개별 RGB-D 프레임이 현재 포함되어 있다. 이 데이터베이스가 딥러닝의 성공을 활용하여 스캔을 건물정보모델(BIM)으로 만드는 연구 모임에 기여하길 희망한다.

10.3 AECFM 산업의 디지털 전환

건설 산업에서 구현되거나 시험되고 있는 많은 신기술과 프로세스에는 어떤 형태로든 디지털 정보가 포함되고 있다. 이제 이전보다 더 적은 비용으로 더 많은 데이터를 수집할 수 있게 되었는데, 문제는 우리가 데이터의 늪에 빠져들고 있다는 것이다. 우리는 새로운 데이터들을 더 잘 적용할 필요가 있고, 디지털 데이터의 바다에서 제대로 추론해 낼 수 있는 혁신적인 컴퓨팅 접근방식을 개발해야 할 것이다. 다시 말해 AI와 같은 컴퓨터 과학의 발전을 활용하여 프로세스를 자동화하고 데이터 분석을 보다 효과적으로 사용할 수 있어야 한다. 또한 빅데이터 분석을 최대한 활용하려면 시스템 전반에서 데이터를 분석할 수 있는 알고리즘을 만들어내야 한다. 따라서 데이터의 정보처리 상호 운용성은 디지털 전환의 완벽한 비전을 달성하기 위한 가장 큰 장벽 중 하나이다. McKinsey & Company(Agarwal et al., 2016) 에 따르면 이러한 상황들은 신기술을 느리게 채택하고 있는 것으로 알려진 산업에서 발생하는데, 이들은 매출의 1% 미만을 투자하고 있는 반면 자동차 및 항공우주 산업은 각각 3.5%, 4.5% 정도를 투자하고 있음을 알 수 있다. 보다 복잡한 프로젝트에서는 이러한 당면 과제를 정면으로 마주하고 차세대 데이터 분석을 지원하는 데이터 캡처, 모델링 및 통합 기능을 포함하는 디지털 미래에 투자해야 할 것이다.

10.4 요약 및 논의 사항

이 챕터에서는 설계 조정의 미래에 대한 비전을 논의하였는데, 그에 대한 세 가지 기술은 다음과 같다.

- VR(가상현실)/AR(증강현실)/MR(혼합현실), (공동 VR/AR/MR과 다중사용자 협업 포함)
- 자동화된 설계 조정을 지원하는 인공지능(AI)
- 자동화된 모델 업데이트를 지원하는 컴퓨터 비전 및 딥 러닝

이 세 가지 기술은 전체적으로 설계 조정을 혁신할 수 있는 힘을 가지고 있다. VR/AR/MR은 가상 환경과의 상호 작용 방식을 변화시키고 있으며, 이해 관계자들이 모델링 환경에 몰입하여 작업 범위를 보다 잘 이해할 수 있도록 도와주고 있다. 설계 조정 혁신의 다음 단계는 인간과 기계 간의 적합한 협업을 가능하게 하는 엔지니어링 지식을 활용하는 것이다. 다시 말해, 이러한 기계를 갖추는 것은 인간이 시스템의 크기 조정 및 경로 지정을 하는 데 도움이 되는 동시에 간섭을 방지하도록 해주고, 생성형 설계에서 최근의 발전된 성과를 사용할 수 있게 한다. 이를 달성하기 위해서는 가장 정확한 모델 정보가 활용될 수 있어야 하는데, 이들은 업계에서 디지털 전환을 보장하고 있으며 자동 설계 조정의 비전을 촉진할 수도 있어야 한다.

논의한 바와 같이 가까운 미래에는 간섭 체크에 필요한 시간과 노력이 클라우드 기반 협업 플랫폼의 사용이 증가함에 따라 줄어들 것이며, 자동 완성 또는 반자동 라우팅 시스템과 결합할 경우 보다 효율적인 공동 작업이 가능해지고 설계 조정이 더욱 강화될 것이다. 이때 문자메시지와 이메일을 통한 자동 완성 시스템과 스마트한 구성이 필요할 것이다. 다른 작업들 간에서 어떤 작업을 진행하고 설계하는지 실시간으로 확인할 수 있을 뿐만 아니라 라우팅 및 간섭을 자동 수정할 수 있는 시스템을 갖춘 협업 환경에서 작업하는 것을 상상할 수 있다. 이를 통해 프로세스로서의 설계 조정이 훨씬 더 효율적이고 효과적으로 수행되고 실제 설계 프로세스에 보다 원활하게 통합될 수 있다. 이에 따라 다시 해야 하는 설계조정은 줄이게 되고 보다 진정한 협업 설계를 할 수 있게 될 것이다.

이 챕터를 읽은 후, 다음에 대해서 생각해 보시오.

1. BIM 기반 설계 조정은 어떻게 2D 라이트 테이블 방식을 모방했는가?
2. AECFM 업계에서 가상 현실, 증강 현실 또는 혼합 현실을 설계 조정에 어떻게 활용할 수 있는가? 몇 가지 사용 사례에는 어떤 것들이 있는가?
3. 인공지능(AI)이 어떻게 설계 조정을 지원할 수 있는가? 인공지능이 이 과정에서 인간의 요구사항을 없앨 수 있을 것인가?
4. 모델 업데이트를 자동화할 필요가 있는 이유는 무엇이며, 이것이 설계 조정과 어떤 관련이 있는가?

References

Agarwal, R., S. Chandrasekaran, and M. Sr–ridhar. 2016. "Imagining Construction's Digi–tal Future." McKinsey & Company. www.mckinsey.com/industries/capital–projects–and–infrastructure/our–insights/imagining–constructions–digital–future.

Czerniawski, T., and F. Leite. 2018. "3D Facilities: Annotated 3D Reconstructions of Building Facilities." In Proceedings of the 25th Annual Workshop of the European Group for Intel–ligent Computing in Engineering(EG–ICE), Lausanne, Switzerland: Ecole Polytechnique Federale de Lausanne(EPFL).

Czerniawski, T., B. Sankaran, M. Nahangi, C. Haas, and F. Leite. 2018. "6D DBSCAN–Based Segmentation of Building Point Clouds for Planar Object Classification "Automation in Construction 88: 44–58. https://doi.org/10.1016/j.autcon.2017.12.029.

Fallon, K.K., and M.E. Palmer. 2007. General Buildings Information Handover Guide: Prin–ciples, Methodology and Case Studies. NISTIR 7417(August). Washington, DC: National In–stitute of Standards and Technology.

Gallaher, M.P., A.C. O'Connor, and L.T. Gilday. 2004. Cost Analysis of Inadequate Interop–erability in the U.S. Capital Facilities Industry. NIST GCR 04–867(August). Washington, DC: National Institute of Standards and Technol–ogy.

Karimi, H., T. Taylor, G. Dadi, P. Goodrum, and C. Srinivasan. 2018. "Impact of Skilled Labor Availability on Construction Project Cost Performance." ASCE Journal of Construction Engineering and Management 144(7): 1–10. https://doi.org/10.1061/(ASCE)CO.1943–7862.0001512.

Leite, F. 2018. "Automated Approaches to–wards BIM–based Intelligent Decision Support in Design, Construction, and Facility Opera–tions." In: Smith I., Domer B.(eds), Advanced Computing Strategies for Engineering. EG–ICE 2018. Lecture Notes in Computer Science 10864. Springer, Cham. https://doi.org/10.1007/978–3–319–91638–5_15.

Leite, F., Y. Cho, A. Behzadan. S. Lee, S. Choe, Y. Fang, R. Akhavian, and S. Hwang. 2016. "Visualization, Information Modeling and Simulation Grand Challenges in the Const–ruction Industry." ASCE Journal of Computing in Civil Engineering 30(6): 1–16. https://doi.org/10.1061/(ASCE)CP.1943–5487.0000604.

Wang, L., and F. Leite. 2014a. "Impacting Novice Design Coordination Performance through Problem–Based Learning." In Proceed–

ings of the 21th Annual Workshop of the European Group for Intelligent Computing in Engineering(EG-ICE). Cardiff, U.K.: Cardiff University.

_____. 2014b. "Comparison of Experienced and Novice BIM Coordinators in Performing Mechanical, Electrical and Plumbing(MEP) Coordination Tasks." In Proceedings of the 2014 ASCE Construction Research Congress, Atlanta, GA.

_____. 2015. "Process Knowledge Capture in BIMBased Mechanical, Electrical, Plumbing Design Coordination Meetings." ASCE Journal of Computing in Civil Engineering. https://doi.org/10.1061/(ASCE)CP.1943-5487.0000484.

_____. 2016. "Formalized Knowledge Representation for Spatial Conflict Coord1nat1on of Mechanical, Electrical and Plumbing(MEP) Systems in New Building Projects." Automation in Construction 64: 20-26. https://doi.org/10.1016/j.autcon.2015.12.020.

Index